Categoria vida
reflexões para uma nova biologia

FUNDAÇÃO EDITORA DA UNESP

Presidente do Conselho Curador
Herman Jacobus Cornelis Voorwald

Diretor-Presidente
José Castilho Marques Neto

Editor-Executivo
Jézio Hernani Bomfim Gutierre

Assessor Editorial
João Luís Ceccantini

Conselho Editorial Acadêmico
Alberto Tsuyoshi Ikeda
Áureo Busetto
Célia Aparecida Ferreira Tolentino
Eda Maria Góes
Elisabete Maniglia
Elisabeth Criscuolo Urbinati
Ildeberto Muniz de Almeida
Maria de Lourdes Ortiz Gandini
Baldan
Nilson Ghirardello
Vicente Pleitez

Editores-Assistentes
Anderson Nobara
Fabiana Mioto
Jorge Pereira Filho

FUNDAÇÃO OSWALDO CRUZ

Presidente
Paulo Gadelha

*Vice-Presidente de Ensino,
Informação e Comunicação*
Nísia Trindade Lima

EDITORA FIOCRUZ

Diretora
Nísia Trindade Lima

Editor-Executivo
João Carlos Canossa Mendes

Editores-Científicos
Gilberto Hochman e
Ricardo Ventura Santos

Conselho Editorial
Ana Lúcia Teles Rabello
Armando de Oliveira Schubach
Carlos E. A. Coimbra Jr.
Gerson Oliveira Penna
Joseli Lannes Vieira
Lígia Vieira da Silva
Maria Cecília de Souza Minayo

Dina Czeresnia

Categoria vida
reflexões para uma nova biologia

Copyrigth © 2012 da autora
Todos os direitos desta edição reservados a
FUNDAÇÃO EDITORA UNESP e FUNDAÇÃO OSWALDO CRUZ/EDITORA

Fundação Editora da Unesp (FEU)
Praça da Sé, 108
01001-900 – São Paulo – SP
Tel.: (0xx11) 3242-7171
Fax: (0xx11) 3242-7172
www.editoraunesp.com.br
www.livrariaunesp.com.br
feu@editora.unesp.br

Editora Fiocruz
Avenida Brasil, 4036, térreo
Manguinhos
21040-361 – Rio de Janeiro – RJ
Tel.: (21) 3882-9039
Fax: (21) 3882-9006
editora@fiocruz.br
www.fiocruz.com.br/editora

CIP – Brasil. Catalogação na fonte
Sindicato Nacional dos Editores de Livros, RJ

C999c
Czeresnia, Dina
    Categoria vida: reflexões para uma nova biologia / Dina Czeresnia. – São Paulo: Editora Unesp; Rio de Janeiro: Editora Fiocruz, 2012.
    135p.

    ISBN 978-85-393-0240-6 [Editora Unesp]
    ISBN 978-85-7541-234-3 [Editora Fiocruz]

    1. Corpo e mente. 2. Corpo humano (Filosofia). I. Título.

12-2461.   CDD: 128
    CDU: 128

Agradecemos à artista plástica Sandra Felzen pela cessão do direito de reprodução da tela "Floresta", de sua autoria.

Editora afiliada:

Para meu pai, Herszel Czeresnia
1926 – 2010

Sumário

Prefácio
Sobre o ato de pensar com alcance, prudência e delicadeza   IX

Agradecimentos   XXI

Apresentação   1

Capítulo 1
Ciência, técnica e cultura: o conceito de risco epidemiológico   9

Capítulo 2
Interfaces do corpo: integração da alteridade no conceito de doença   27

Capítulo 3
Constituição epidêmica, physis *e conhecimento epidemiológico moderno*   45

Capítulo 4
Canguilhem e o caráter filosófico das ciências da vida 65

Capítulo 5
Normatividade vital e dualidade corpo-mente 89

Capítulo 6
Para concluir? 111

Referências bibliográficas 125

Prefácio
Sobre o ato de pensar com alcance, prudência e delicadeza

Cláudio Tadeu Daniel-Ribeiro[1]

Ler o livro de Dina Czeresnia me causou a sensação de estar diante do desafio de parar para pensar com dados ou fragmentos da realidade que ela descreve com o *background* profissional que construiu, inserindo-os tentativamente no contexto de paradigmas que estou habituado a usar, mas tendo como cenário de fundo aqueles com os quais ela trabalha.

Dina, também médica, migrou da vocação que a poria, naturalmente, diante de auscultadores de ruídos do corpo e da alma, para o estudo das interseções de saberes e começou a carreira se deixando embalar pela epidemiologia. Foi por produzir a meu convite um texto sobre a física e a biologia, com fundamentação teórica mais do que razoável e precavido rigor de um cientista *hard science*, que Dina atraiu minha atenção. Seu jeito elegante, moderado e independente não prenunciava

---

1 Pesquisador titular do Instituto Oswaldo Cruz (IOC/Fiocruz) e do CNPq, membro da Academia Nacional de Medicina e doutor em Biologia Humana pela Universidade de Paris V.

sua alma quase inquieta, seu espírito curioso e sua avidez por conhecimentos novos, que examina, com o detalhe e a minúcia de um microscopista, para colocá-los à prova com questionamentos pouco usuais. Li sua estimulante obra três vezes.

Dina fala em "articulação de saberes". É um discurso que pode assustar cientistas envolvidos com o estudo de células, moléculas, DNA, mediadores imunes e neuroquímicos, genomas, transcriptomas e proteomas. Entretanto, como um recentemente autointitulado "cognitologista" – ou melhor, um imunologista iniciado nas neurociências e interessado nas similaridades e dessemelhanças entre os processos de conhecer/reconhecer dos sistemas imune e nervoso –, estou convencido de que a transdisciplinaridade é o caminho, senão único, com mais chances de sucesso, para a identificação de novas chaves para fechaduras ainda desconhecidas (imunologistas gostam da imagem de chave e fechadura para anticorpos [Ac] e antígenos [Ag]). Sou obrigado a concordar com Dina sobre a necessidade dessa "articulação de saberes" e, sobretudo, da de profissionais preparados para fazê-la. Um profissional capaz de "ler" informações da física à biologia, da filosofia à psicanálise, tem mais chances de enxergar conexões onde elas ainda não foram vistas.

Dina se parece com esse profissional... mas sabe das dificuldades da tarefa e não as menospreza em nenhum instante:

> Há dificuldades para dar sentido adequado a questões em aberto em saberes que apresentam linguagens díspares e afastadas. Hipóteses formuladas por físicos renomados podem parecer extremamente especulativas e pouco consistentes quando se referem à vida. Por sua vez, filósofos não são físicos nem biólogos, e existe uma dificuldade enorme de diálogo quando os pensadores estão preocupados com o rigor dos conceitos que utilizam nos seus campos de origem.

Categoria vida

Impressiona não só sua capacidade de transitar na interdisciplinaridade, construindo a transdisciplinaridade que dá conteúdo estimulante à reflexão e quase plástica beleza à sua obra, e de construir seus conhecimentos em uma filosofia da biologia, sua análise dos conceitos de vida e sua visão do homem de forma tão transversal e irreverente, mas também a profunda e quase compulsiva intensidade com que parece se dedicar ao ato de pensar, que flagrantemente permeia seu cotidiano e norteia sua existência.

A diferença de formação que temos, Dina e eu, justifica padrões distintos de percepção, compreensão e explicação de diferentes informações e mesmo saberes e conhecimentos. Assim, li cada um dos seis capítulos de *Categoria vida* procurando temas coincidentes conceitos interseccionais, metáforas familiares ou afinadas ao meu pensar e ao meu próprio repertório de conhecimentos científicos ou rol de vivências acadêmicas.

Foram muitas e várias provocações e desafios: o individualismo incrustado nas representações construídas no conhecimento biológico, os valores e significados culturais, a alteridade e a finitude, Canguilhem, a normatividade biológica, Nietzsche, a normatividade vital, o problema corpo-mente, Penrose, a vida, Schrödinger...

A obra de Dina enfatiza a perspectiva de que o saber é um só, e as especialidades (quem sabe as áreas?) não são mais do que a verdade vista por distintos observadores sob diferentes prismas, com diferentes lupas...

Para abordar esse saber único posso tomar como exemplo a relação entre "individualidade" e "alteridade" citada por Dina nos capítulo 1 e 2. Ela evoca a dualidade do conceito de "próprio" *versus* o "não próprio" (*"self vs not self"*), construído a partir da observação de imunologistas de que respondemos imunologicamente a antígenos (Ag) externos (substâncias estranhas) a nosso organismo, mas não aos nossos próprios (auto-) Ag. Estes, por sua vez, podem, entretanto, gerar uma resposta imune (até de rejeição, em se tratando de um enxerto ou transplante), se inseridos em um organismo dessemelhante ao nosso. Dina propõe que imunologistas olhem para os lados e que outros especialistas (da física quântica e da física clássica, filosofia, psicanálise...) olhem para a imunologia a fim de vislumbrar horizontes então imperceptíveis para os que olham apenas para seus próprios temas de estudo, adotando instrumentos com que operam cotidianamente.A visão moderna do sistema imune como um sistema baseado em uma rede de conexões de seus próprios elementos, e outros constituintes do organismo, a partir do qual o reconhecimento do que lhe é "próprio" operaria, garantindo a homeostase interna, contrasta com a visão militarista descrita em grande parte dos livros textos de imunologia disponíveis,2 como expõe a autora:

> A teoria de doença epidêmica contribuiu para a construção de representações corporais que levaram a um crescente fechamento de suas interfaces, tornando o corpo uma estrutura primariamente defensiva.

Um suporte (filosófico) indireto do merecido descrédito à metáfora belicista na definição da razão de ser de nosso

---

2 Não se trata de negar o papel defensivo (que não deve ser confundido com uma "função") do sistema imune. Indivíduos com déficits imunes específicos têm infecções mais graves e são, às vezes, incompatíveis com a vida. Em indivíduos normais, a resposta imune desencadeada por infecções se acompanha da produção de moléculas e mobilização de células com especificidade e quantidade necessárias para proteger o indivíduo de novas infecções pelo mesmo agente causal. Tal padrão de resposta imune adaptativa (dotada de especificidade e memória) torna os organismos com tais atributos mais aptos à sobrevivência, pré-requisito primordial da evolução. Trata-se apenas de propor a análise e revisão tão consequente quanto possível, da noção (mais antiga e conservadora) de que o sistema imune está voltado para fora, para finalisticamente reconhecer (e se defender d)o que é estranho ao organismo.

Categoria vida

sistema imune vem da referência, feita por Dina, da questão de Baudrillard (em *A transparência do mal*): a imagem fragilizada do menino-bolha, no qual qualquer contato direto com outro ser, consequente (e destinado) à manutenção da vida através da desinfecção absoluta do ambiente, já não seria a própria morte? Por outro lado, às metáforas de separação radical entre mundos interno e externo, correspondentes ao alto grau de individualização das sociedades modernas, não se oporia o conhecimento que já possuímos de que temos mais genoma nas bactérias saprófitas de nosso sistema digestivo do que nos nossos próprios constituintes?

Dina cita Morin para evocar essa informação que também detém:

> devemos reconhecer que os nossos intestinos abrigam e alimentam bilhões de microssujeitos que são as bactérias *Escherichia coli* e que o nosso próprio organismo é um império-sujeito constituído por bilhões de sujeitos.

A autora evoca Tosta para nos lembrar que esses microorganismos, que interpenetram nossos organismos, "interferindo nos fenômenos genéticos e epigenéticos através de adaptações mútuas e co-evolução". Assim, diante da realidade do "individualismo moderno, da desensibilização do corpo e da indiferença às dores dos outros", não seria a hora de começar mos a ensinar nas escolas que só somos completos se somados a outros? É o que Dina parece dizer:

> A individualidade se preserva no decorrer da vida através de um constante dinamismo relacional. Para o vivo, a individualidade só acontece na relatividade.

Ou ainda:

XIII

[...] o reconhecimento de si implicaria o reconhecimento do outro. [...] a constituição de um indivíduo saudável dependeria não só de evitar o contato com causas ou riscos, mas de saber interagir, harmonizando quantidades tempos, velocidades e forças [...].

É o que se chama de "filosofia da biologia", mas está certo também imunologicamente... Dina retoma Freud para classificar as fontes das ameaças à vida humana em três naturezas (cito, entre parênteses, exemplos de acordo com minha leitura dessa informação): as do mundo externo (bactérias e quedas de andaimes ou meteoros); as do próprio corpo (neoplasias, doenças autoimunes e psicoses); e as oriundas das relações entre os homens (socos, fofocas e sexo não seguro).

A evolução dos conhecimentos sobre as doenças transmissíveis resultou em mudanças em nossa forma de pensá-las e tratá-las, pois a identificação dos microorganismos não foi suficiente para identificar plenamente as causas de sua ocorrência, distribuição e concentração em indivíduos e populações, nem para explicar a razão da existência de doenças graves ou paucissintomáticas e infecções subclínicas. Em outras palavras: nem todos que entram em contato com um microorganismo comprovadamente patogênico adoecem, nem todos que adoecem o fazem com gravidade. Tal constatação levou médicos infectologistas, sanitaristas e biólogos a considerar os conceitos e métodos estatísticos para avaliar a probabilidade de "grupos de fatores" de risco intervirem no determinismo do processo. Para um imunoparasitologista com formação em imunogenética, como eu, tal consideração evoca (entre esses fatores determinantes de padrão de doença) os conceitos de genética para explicar susceptibilidade individual (polimorfismo e variabilidade de genes e receptores de membrana, controle genético da resposta imune, marcadores moleculares para o diagnóstico e prognóstico) e como ferramentas de estudo e compreensão desses fenômenos. A biologia molecular

Categoria vida

trouxe poderoso arsenal ferramental para a análise das bases genéticas de susceptibilidade e vulnerabilidade individual às doenças, mas Dina tem razão ao concluir que tal recurso ainda não nos permitiu decifrar totalmente o que chama de "natureza humana" no que concerne aos mecanismos de ocorrência de doenças.

Dina evoca a etiologia de doenças complexas – as alérgicas e autoimunes, por exemplo – como decorrentes de problemas no processo de maturação do sistema imune no qual microorganismos estariam implicados. Como imunologista, não resisto à tentação de olhar para a questão sob o prisma da dualidade especificidade/contexto para acrescentar que o problema de maturação, nesse caso, pode ser visto como qualitativo, mais do que quantitativo. A resposta imune "frente" a um mesmo Ag pode suscitar a formação de moléculas de imunoglobulina (anticorpos, Ac) e de células (linfócitos) com a mesma especificidade, mas com funções diferentes, como resultado do contexto em que foram produzidas. Assim, no caso de coinfecção por helmintos (vermes) intestinais é possível que a resposta produzida frente a potenciais alergizantes não dê origem a alergias, o que não ocorreria nos ambientes mais "limpos" (em decorrência do uso de vacinas e antibióticos em larga escala) prevalentes em países industrializados. Este fenômeno – que se convencionou chamar de "teoria da higiene" (ou derivações dela) e é, ainda hoje, tema de estudos e apaixonantes debates por imunologistas, epidemiologistas e sanitaristas – explicaria também a menor frequência de doenças autoimunes em países pobres com maior prevalência de helmintíases e malária. Gosto de pensar nesses eventos para ilustrar minha certeza de que o contexto na qual uma resposta imune se passa pode ser tão (ou mais) importante quanto a sua especificidade. Um mesmo sistema imune pode gerar, em contextos (ou momentos) distintos, respostas iguais (em termos de especificidade), mas muito diferentes (em termos de perfil e eficiência). Não corresponde quase a dizer que a forma é tão importante quanto o conteúdo? Dina, mais uma vez, mostra, através de suas vivências bem distantes das de imunologistas, ter abertura para esta formulação:

> [...] a mudança da compreensão do papel dos microorganismos na constituição evolutiva e ontogênica do indivíduo e na etiologia de doenças: [...] o deslocamento da ideia da especificidade para a de modulação.

É flagrante a admiração de Dina por Georges Canguilhem, filósofo e médico francês, que defende ser preciso partir do próprio ser vivo para compreender a vida e que o objeto de estudo da biologia é irredutível à análise e a decomposição lógico-matemática.

Destaco a noção de valor, citada por Dina, no sentido em que Canguilhem o utiliza (algo "que não seria um atributo apenas humano"):

> o fato de reagir por uma doença a uma lesão, a uma infestação, a uma anarquia funcional, traduz um fato fundamental: é que a vida não é indiferente às condições nas quais ela é possível, que a vida é polaridade e, por isso mesmo, posição inconsciente de valor, em resumo que a vida é, de fato, uma atividade normativa. Em filosofia, entende-se por normativo qualquer julgamento que aprecie ou qualifique um fato em relação a uma norma, mas essa forma de julgamento está subordinada, no fundo, àquele que institui as normas. (Canguilhem, 1995, p.96)

Esta *"normatividade biológica"* demarcaria a especificidade das ciências da vida em relação às da natureza e estaria por trás da tensão entre ciência e filosofia. Canguilhem defende que o "valor", atributo fundamental do vivo, estaria na origem do pensamento humano. O homem é um ser vivo com existência definida pelo desejo, necessidade, pensamento e linguagem. Nietzsche atribuiu, com ousadia, as origens do pensamento humano a uma realidade vital já presente em amebas :

> Todo pensar, julgar, perceber, como comparar, tem como pressuposto um "equiparar", ou, antes, um tornar igual. O tornar igual é a mesma coisa que a incorporação de matéria apropriada na ameba. (Nietzsche, 2008, p.266 [501])

De acordo com Dina, uma transformação na maneira de conceber o homem em relação ao universo necessitaria um novo modo de compreender o homem. A biologia seria o eixo central, a plataforma, o molde e o trampolim dessa transformação, não como disciplina científica, mas por ser a vida a pergunta essencial e a base da possibilidade de o homem conhecer e explicar, inclusive a sua própria existência.

No capítulo 5, a autora trata da dualidade corpo-mente e dos níveis distintos em que diferentes autores colocam a questão da cognição. São apresentados de maneira estimulante e desafiadora conceitos variados, que incluem: a busca de similaridades e dessemelhanças nos processos cognitivos inerentes às atividades de redes imunes e neurais em que temos nos empenhado; a consideração de Canguilhem de que a vida humana estaria enraizada na vida de uma célula (o humano seria uma amplificação de uma propriedade biológica essencial) e a provocação de Morin de que seria evolutivamente lógico pensar que, se a chave do indivíduo-sujeito bacteriano estaria no indivíduo--sujeito humano, a chave deste estaria no indivíduo-sujeito bacteriano; e ainda as contribuições de Penrose, consideradas tanto especulativas demais quanto geniais, segundo as quais a ação do cérebro (e a emergência dos mundos mental e cultural) seria de ordem física, mas não simulável computacionalmente. Também enriquece o texto deste capítulo a ideia provocadora de que a função cognitiva humana, emergência viabilizada em uma complexa rede de conexões intercelulares, seria decorrência evolutiva de uma propriedade mais elementar, presente anteriormente em uma célula. Ou seja, se existe mente humana, porque, guardando a relativização necessária, não seria possível uma mente celular. Considerando o que faz um paramécio, espertinho demais para um organismo composto de uma só célula, penso que questões do porte destas, não abordáveis pelo método científico para a comprovação (ou refutação) formal, deveriam ser tema de reflexão para cientistas com abertura suficiente (e honestidade intelectual necessária) para fazer avançar a ciência através da proposta de novos paradigmas.

Sua formação médica, epidemiológica e filosófica não impediu a autora de ler a reflexão elaborada por físicos sobre a possível aplicação da física atômica a fim de explicar a natureza física dos fenômenos mentais. Entretanto, além do traquejo no trânsito na transdisciplinaridade, a autora mostra prudência, diria mesmo que "responsabilidade acadêmica e científica". Assim, quando considera as relações entre a física e a biologia, o faz com precaução explicitando a reserva das limitações do alcance de um autor da área biomédica e expressando profunda e respeitosa consciência não só dos limites de seus conhecimentos, mas também e, sobretudo, os do próprio homem como organismo que impõe ao limite de seus entendimentos a circunscrição das leis físicas com as quais é possível explicar o universo.

Dina considera que o conhecimento estaria vinculado às condições do sistema que o observa. Ao "observar", através de dispositivos construídos pela técnica humana, não estaríamos, em vez de nos aproximar da realidade verdadeira, construindo novas realidades mediadas pelas condições de observação? Ela pergunta qual o limite do conhecimento? (eu perguntaria: "e qual a natureza, então, da realidade?")

Os instrumentos construídos pelo homem permitem vislumbrar realidades antes inimagináveis. Mas os limites estabelecidos por nossa biologia (a própria estrutura do aparelho sensorial humano) não mediariam as condições de construção de novos instrumentos de observação? Nessas condições, pergunta a autora, o fenômeno quântico não decorreria da interferência de uma condição biológica (o observador) na observação da estrutura fundamental da matéria?

> Reconhecer um limite na capacidade observacional do homem não significa que não hajam leis na natureza, mas indica que o homem não seria potente o suficiente para desvendá-las.

Tenho que confessar minha apreciação, a mais profundamente positiva, da reflexão de que "se a descrição quântica estiver mediada por uma condição essencialmente biológica, o quântico poderia ser uma propriedade biofísica que permite à vida escolher o que a faz perseverar". E Dina fala de liberdade...

Agora que vocês sabem o que há em *Categoria vida*, é hora de iniciar sua leitura pelos detalhes, com os quais Dina Czeresnia nos encanta e mostra sua erudição e a inquieta curiosidade com que propõe novas questões sobre o entendimento das leis da natureza e da vida.

Agradecimentos

Este livro reúne textos escritos ao longo de vários anos. Nesse período, recebi o incentivo e ajuda de familiares, amigos, alunos e colegas, sou grata a todos eles e cito especialmente minhas filhas Ana e Luisa.

Muitas pessoas contribuíram para o desenvolvimento das ideias aqui apresentadas como interlocutores e com leituras e sugestões. Agradeço especialmente a Fernando Salgueiro Passos Telles, Elvira Maciel, Teresa Cristina Soares, Nami Fux Svaiter, Sandra Felzen, Cassius Schnel Palhano Silva, Rachel Sztajnberg, Maria Cristina Rodrigues Guilam, Sandra Caponi, Monica Clemente, Dina Moscovici, Naila Rachid.

Parte deste livro foi elaborada no contexto da realização do pós-doutorado em filosofia no Instituto de Filosofia e Ciências Sociais da Universidade Federal do Rio de Janeiro (IFICS-UFRJ). Agradeço à orientação do professor Emmanuel Carneiro Leão, ao professor Gilvan Fogel, a Izabela Bocayuva e a Rômulo Pizzolante.

Tenho muito a agradecer a Claudio Tadeu Daniel Ribeiro, Marcia Sá Cavalcante Schuback e Magno M.D.

Em especial, faço referência à memória de Cecilia Maria Fiorotti, grande colaboradora e amiga.

Agradeço o apoio da Escola Nacional de Saúde Pública e do CNPq.

Sursum corda! Erguei as almas! Toda Matéria é Espírito,
Porque Matéria e Espírito são apenas nomes confusos
Dados à grande sombra que ensopa o Exterior em sonho
E funde em Noite e Mistério o Universo Excessivo!

Álvaro de Campos

O que era então a vida? Era calor, o calor produzido pela instabilidade preservadora da forma; era uma febre da matéria, que acompanhava o processo de incessante decomposição e reconstituição de moléculas de albumina, insubsistentes pela complicação e pela engenhosidade de sua estrutura. Era o ser daquilo que em realidade não podia ser, daquilo que, a muito custo, mediante um esforço delicioso e aflitivo, consegue, nesse processo complexo e febril de decadência e de renovação, chegar ao equilíbrio no ponto do ser. Não era nem matéria nem espírito. Era qualquer coisa entre os dois, um fenômeno sustentado pela matéria, tal e qual o arco-íris sobre a queda d'água, e igual à chama. Mas se bem não fosse material, era sensual até a volúpia e até o asco, o impudor da natureza tornada irritável e sensível com respeito a si própria, e a forma lasciva do ser. [...] coisa que se chamava carne e se convertia em forma, em imagem sublime, em beleza, mas ao mesmo tempo, era o princípio da sensualidade e do desejo.

Thomas Mann, *A montanha mágica*

Apresentação

A questão mais relevante a ser enfrentada para superar o desafio da dualidade corpo-mente diz respeito à configuração moderna da categoria vida. Em consonância com a constituição do conhecimento biológico a partir do século XIX, essa categoria foi concebida como saber positivo, próximo das ciências naturais. No entanto, contornos de uma nova possibilidade de pensar a biologia tornam-se gradativamente passíveis de explicitação.

É preocupante a maneira arraigada que o individualismo prevalece na cultura contemporânea e está incrustado nas representações construídas pelo conhecimento biológico.

Essas temáticas encontram um elo neste conjunto de textos que elabora uma reflexão e interpretação sobre a articulação de saberes, e de questões em aberto, com o objetivo de contribuir para o debate do problema corpo-mente, constitutivo dos modelos biomédico e epidemiológico. A articulação de saberes para se alcançar um conhecimento abrangente e crítico é uma das tarefas mais reivindicadas nas discussões sobre teoria do conhecimento. Alcançar essa articulação, contudo, será uma tarefa sempre inacabada, pois no mundo contemporâneo não há como um pesquisador dominar as múltiplas especializações do conhecimento. Insistir nessa busca, por mais importante que ela seja, é sempre correr o risco de realizar sínteses por meio de um conhecimento incompleto. O desafio teórico da dualidade corpo-mente é uma tarefa coletiva.

Os ensaios deste livro foram originalmente publicados como artigos em periódicos, resultantes de um percurso de pesquisa sobre a formação de conceitos que determinam o campo da medicina, da saúde pública e da epidemiologia. A reunião desses textos, de um lado, evidencia lacunas de conhecimento; de outro, é justificada por apresentar uma coerência lógica capaz de estimular um diálogo produtivo entre pesquisadores oriundos de campos disciplinares diversificados.

O ponto de partida dessa investigação foi o estudo que deu origem ao livro *Do contágio à transmissão: ciência e cultura na gênese do conhecimento epidemiológico* (Czeresnia, 1997). Este trabalho ressalta como o processo histórico de elaboração racional sobre a doença foi também uma forma cultural de lidar com uma experiência originária. A condição de ser vivo está ligada à necessidade vital do contato que pode ser terrível e mortal. A dimensão trágica das epidemias nos tempos remotos é a experiência simbólica de uma circunstância biológica e orgânica: o ser vivo existe em virtude e apesar de sua abertura no mundo.

A individualidade é sempre relativa e isso demarca uma condição biológica e simbólica que a cultura ocidental denegou de várias formas. O primeiro capítulo trata de aspectos dessa questão ao analisar o conceito de risco epidemiológico em relação a uma importante consequência cultural implicada em sua construção: o individualismo.

Esse capítulo ressalta que o conceito de risco epidemiológico gera valores e significados culturais, ao se construir como modelo que reduz a complexidade dos fenômenos. A reflexão sobre as consequências culturais produzidas se vale do pensamento de Canguilhem acerca das relações entre ciência, técnica e vida. Há uma anterioridade da vida em relação à técnica, mas esta se inverte com a proeminência do modelo construído pelo conhecimento em detrimento do fenômeno concreto que ele tenta explicar.

O conceito de risco contribuiu para a conformação do individualismo mediante a construção de representações de corpo e do indivíduo e da demarcação de suas fronteiras com o mundo externo. Essas representações estão em uma ordem mais ampla e constituem modos de ser, moldados e condicionados pela cultura. Predomina a lógica da ordem, da defesa, do controle. Torna-se cada vez mais raro e fugaz o contato com experiências que dizem respeito a questões e dilemas existenciais humanos como alteridade e finitude. Esse contato seria fundamental para a integração da morte e da alteridade como dimensões constitutivas da experiência de individualidade.

Esse tema é abordado do ponto de vista biológico no segundo capítulo, "Interfaces do corpo: integração da alteridade no conceito de doença". Ressalta-se a possibilidade de transformações no discurso biológico integrarem a alteridade no conceito de doença, por exemplo, na descrição de processos biológicos que envolvem micro-organismos em interações constitutivas do sistema imune humano. Teorias recentes propõem a etiologia de doenças complexas, como as alérgicas e autoimunes, decorrentes de problemas em processos de maturação do sistema imune nos quais micro-organismos estariam implicados.

A importância dessas descrições específicas e relativas a um conhecimento biológico cada vez mais hermético para não especialistas é considerar que a maior complexidade da biologia molecular pode auxiliar a construção de representações com maior poder de aproximação entre esferas de conhecimento distintas. A pesquisa revela uma rede de interações moleculares que conformam processos de constituição do organismo na relação com o meio. Moléculas são descritas em uma dinâmica entre seres vivos, não apenas em competição, mas em cooperação e coevolução.

O que esse discurso apresentaria como recurso para aproximar-se de conhecimentos tão distanciados, como os que descrevem processos psíquicos? Do ponto de vista aqui tratado, o que se ressalta é como a biologia molecular deixa transparecer a importância de processos biológicos que ocorrem nas interfaces entre seres vivos. O que se destaca nesse capítulo é a possibilidade de superar a perspectiva dualista estar em um modo de integrar o corpo em suas interfaces. Os processos de individuação, ou constituição da individualidade, devem ser concebidos nas interfaces do corpo, nas estruturas de contato, o que remonta à experiência originária do contágio.

Conquistar outra forma de perceber a individualidade é uma questão biológica e ética. O problema da dualidade corpo-mente está em uma ordem de grande porte, ainda mais ampla do que as representações construídas pelo conhecimento científico, as quais alcançaram enorme poder de determinação das conformações que constituem os modos de ser no mundo ocidental.

O pensamento pré-socrático elabora a *physis* como concepção de natureza radicalmente distinta da prevalecente após a emergência das ciências naturais, a partir dos séculos XVI e XVII. A *physis* contém uma forma de apreender a natureza que não dissocia as dimensões da vida humana. É sob a inspiração dela que se problematiza a construção de representações fragmentadas sobre o corpo. Na história da medicina, saúde pública e epidemiologia, a importância da *physis* é evidenciada pela presença recorrente da perspectiva hipocrática.

O pensamento hipocrático surgiu no século V a.C. em consonância com a filosofia pré-socrática e com a *physis*. Através das mudanças no entendimento do termo constituição epidêmica, o terceiro capítulo aborda essa questão. A ideia de constituição epidêmica compreende o fenômeno epidêmico como totalidade, desequilíbrio de um conjunto de circunstâncias passiveis de descrição por uma multiplicidade de aspectos. Na recorrência do termo, este não significou sempre a mesma coisa, de acordo com transformações nas concepções de corpo e espaço ao longo da história. A concepção dual do homem não foi superada nas derivações históricas da medicina hipocrática. O vigor da *physis* está em sua base filosófica; sua ideia de natureza radicalmente distinta precisa ser reelaborada e esse desafio permanece nos dias atuais.

O resgate da *physis* para reorientar o pensamento ocidental é uma questão explicitada na obra de Nietzsche.[1] Ele critica ferozmente a sociedade ocidental por ter sufocado a dimensão trágica da existência. A tragédia expressa uma verdadeira interpretação da vida, composta por instintos antagônicos (Nietzsche, 19--?). A condição paradoxal do humano está enraizada na vida; a simultaneidade entre diferenciação e relação é uma circunstância fisiológica. Na realização do metabolismo mais básico está presente uma dimensão de "escolha" entre impulsos de agregação e desagregação; de assimilação e de excreção. A vida é irredutivelmente valor (Nietzsche, 2008b).

A importância da categoria valor para as ciências da vida é particularmente desenvolvida por Canguilhem. Esse é o tema do capítulo 4, "Canguilhem e o caráter filosófico das ciências da vida". O conceito de normatividade biológica, central na sua obra, traduz a definição de vida como posição inconsciente de valor. A vida mais elementar, o metabolismo mais básico já apresentaria a condição de "qualificar" o que lhe é favorável e assimilar; ou desfavorável e excretar. Essa "qualificação" elementar seria irredutível à determinação prévia.

O reconhecimento do pensamento de Canguilhem não o exime de ser criticado como defensor do vitalismo. A compreensão da vida como valor não se presta ao caráter objetivo

---

1 Ver, por exemplo, Nietzsche (2008a).

das ciências da natureza. Além disso, o autor busca uma especificidade epistemológica das ciências da vida em relação à física, argumentando que regularidades físico-químicas são insuficientes para explicar fenômenos biológicos.

A insuficiência da perspectiva mecanicista da físico-química para explicar os fenômenos biológicos não é um ponto de vista restrito ao argumento "vitalista" de Canguilhem. Essa insuficiência é também constatada por físicos do século XX ao aventarem a importância da física atômica para a biologia (Bohr, 1995) e a necessidade de uma possível ampliação desta para explicar a natureza física de fenômenos mentais (Penrose, 1998), tema abordado no capítulo 5, "Normatividade vital e dualidade corpo-mente".

Pensar a natureza física de fenômenos mentais não implicaria *a priori* um reducionismo fisicista, pois se a mente tiver alguma espécie de estrutura física, esta não poderia prescindir de propriedades condizentes com processos mentais. A polêmica permanece, contudo, na questão do valor. Seria possível vir a descrever fisicamente características irredutíveis dos seres vivos sem admitir neles uma espécie de "volição"? Como cogitar a natureza física de fenômenos mentais, sem inscrever neles a dimensão do valor?

Nesse capítulo, a referência a físicos notórios em suas abordagens sobre a relação entre física e biologia foi feita com o cuidado explícito de delimitar o alcance possível da discussão por parte de um autor proveniente do campo biomédico. A pertinência dessas referências não está no domínio da linguagem e de conteúdos da física, mas no entendimento adequado de questões capazes de se articularem de modo original com problemas relativos à teoria do conhecimento e à filosofia das ciências da vida.

Em relação à teoria do conhecimento e no eixo dessa procura de articulação está o ponto de vista de que os hiatos e impasses das teorias científicas não são provisórios em direção a uma verdade objetiva. Esse caráter temporário é relativo a transformações nas concepções de mundo no decorrer da história. Os saberes (incluído neles o conhecimento cientifico) são configurados por condições de possibilidade da formação discursiva de um período histórico (Foucault, 1987a). Além dessas condições históricas está a própria delimitação biológica do que é possível ao homem conhecer. Ou seja, está a conformação da estrutura cognitiva da espécie humana, constituída em sua filogênese (Jerison, 1991).

A circunscrição da capacidade humana de conhecer o universo é uma assertiva kantiana e está presente no pensamento moderno. À perspectiva de Kant acrescentam-se consequências filosóficas da física do século XX para a compreensão da realidade e da condição do conhecimento humano, tal como discutido por seus elaboradores. Hannah Arendt (2009), citando Heisenberg, ressalta o paradoxo do ser humano que, sempre ao tentar apreender as coisas que não são ele próprio, encontra em última instância a si mesmo (ver capítulo 6).

Essa é uma ideia-chave para se pensar a articulação de questões em aberto na física e na biologia com o objetivo superar a dualidade corpo-mente. Se o homem, quando tenta apreender o que não é ele próprio, encontra em última instância a si mesmo, os desafios da física poderiam ser decorrentes de uma circunscrição biológica. Na descrição da estrutura elementar da matéria haveria a "interferência" de uma condição pertinente ao vivo. Uma interferência biológica poderia ser cogitada como origem do problema da indeterminação na descrição da estrutura fundamental da matéria pela física atômica.

A inexistência de uma equação matemática que formule a passagem do mundo quântico ao mundo clássico poderia ser devida à circunstância de o homem, enquanto produtor do conhecimento sobre a realidade, estar mediado por sua própria constituição enquanto ser vivo. A dimensão do valor, a qual Canguilhem afirma ser característica fundamental da vida, seria o limite da observação humana. Leis físicas estariam circunscritas à possibilidade de o homem experimentar o universo.

Essas questões são extremamente controversas tanto na biologia como na física. O problema não está apenas na natureza das evidências apresentadas como desafios ao conhecimento científico, mas na aceitação da existência de uma dimensão de valor anterior ao homem; em cogitar, no contexto de uma lógica evolutiva, a natureza física do pensamento humano como prolongamento de uma dimensão de valor presente na vida mais elementar.

Não se trata de atualizar a polêmica entre vitalismo e mecanicismo nem de defender a especificidade epistemológica da biologia, mas sim de reconhecer a grande atualidade do conceito de normatividade vital no debate sobre a dualidade corpo-mente. Esse problema tem caráter científico, entretanto não se resolve apenas nessa perspectiva. A polêmica sobre a natureza da realidade e do conhecimento suscitada pela teoria atômica mobilizou o pensamento de físicos e filósofos desde o início do século XX e nela já se apresentou a reflexão sobre a categoria valor. Conferir mais dignidade teórica a essa questão exige condições de possibilidade para encontrar novas formas de articulação entre ciência e filosofia. Uma transformação na maneira de conceber o corpo em relação no universo necessitaria de um novo modo de compreender o que é o homem. A biologia seria eixo dessa transformação, não como disciplina científica, mas por ser a vida, a pergunta essencial e a base da possibilidade de o homem conhecer.

Capítulo 1
Ciência, técnica e cultura: o conceito de risco epidemiológico[1]

A sociedade contemporânea é definida como sociedade do risco, uma vez que este é considerado o elemento central para a tomada de decisão racional diante do crescimento da incerteza na cultura moderna tardia. O indivíduo moderno é concebido como senhor de seu próprio destino, dono de sua biografia e identidade. Através da racionalidade, ele amplia o poder de controlar as situações da vida. Exerce sua autonomia mediante a capacidade de realizar, ativa e livremente, escolhas informadas que minimizam riscos (Beck, 1997).

Os sujeitos utilizam reflexivamente sistemas especialistas que gerem a vida cotidiana. A vida social é regulada pela confiança em sistemas abstratos que, baseados no conhecimento científico, orientam as escolhas através de cálculos de risco (Giddens, 1997).

---

1 Este capítulo é uma versão revista do artigo "Ciência, técnica e cultura: relações entre risco e práticas de saúde", *Cadernos de Saúde Pública*, Rio de Janeiro, v.20, n.2, p.447-55, mar.-abr. 2004.

O conceito de risco epidemiológico é um desses sistemas abstratos. O monitoramento e a definição de estratégias de regulação de riscos no campo da saúde são tecnicamente viabilizados pelos avanços nas técnicas de cálculo estatístico. Sofisticados métodos epidemiológicos são utilizados na estimativa da probabilidade de ocorrência de eventos de saúde e doença associados a determinadas exposições. O estudo dos efeitos prováveis do consumo de substâncias, de comportamentos e de estilos de vida informam os profissionais de saúde e os sujeitos em suas práticas cotidianas. As políticas e os programas voltados para a proteção e a recuperação da saúde podem ser considerados ações de gestão de riscos (Spink, 2001).

Identificar e reduzir riscos tornaram-se objetivos centrais da saúde pública. A gestão de riscos é fundamental para o discurso de promoção da saúde, que procura reorientar as estratégias de intervenção na área da saúde. Na definição explicitada na Carta de Ottawa (Organização Mundial da Saúde, 1986), a promoção da saúde é o processo de capacitação da comunidade para que ela própria possa participar e controlar ações para a melhoria de sua qualidade de vida e saúde. Esse processo de capacitação, que enfatiza a autonomia dos sujeitos e grupos sociais na gestão da saúde e na luta coletiva por direitos sociais, é decorrente da apropriação do conhecimento científico dos riscos à saúde.

Uma pergunta importante é: que concepção de sujeito molda-se com práticas e discursos voltados à capacitação para escolha informada de riscos à saúde, definidos com base no conhecimento científico?

A técnica, baseada na ciência, produz representações, discursos, experiências, afetando o corpo e os processos psíquicos. As consequências e implicações culturais do conceito de risco no mundo contemporâneo não se restringem ao risco epidemiológico, mas, sem dúvida, é um elemento central desse processo.

Este capítulo procura contribuir para a reflexão desse tema. Inicialmente apresenta uma breve caracterização do conceito de risco epidemiológico, ressaltando que, como modelo abstrato, reduz a complexidade dos fenômenos estudados. A apreensão da realidade mediante essa abstração gera valores e significados.

A reflexão de Canguilhem sobre as relações entre ciência, técnica e vida é retomada com a perspectiva de aprofundar a compreensão das consequências culturais produzidas.

Convergente com a análise de vários outros autores, Giddens (2002) destaca, dentre as características da identidade moderna, a tendência de segregação da experiência, de separação, na vida social diária, de experiências originárias que dizem respeito a questões e dilemas existenciais humanos. O contato com situações que ligam a maioria dos indivíduos a questões mais amplas de moralidade e finitude é cada vez mais raro e fugaz.

Não há dúvida de que temas vitais cruciais, como individualidade, alteridade, relação com a morte, estão presentes, embora ocultados nas questões que envolvem a nuclearidade do risco no mundo atual. Essas questões, centrais para as interrogações de alguns dos mais importantes pensadores da modernidade, devem ser contempladas ao se pensar criticamente o discurso atual das práticas de promoção e recuperação da saúde.

O conceito de risco epidemiológico

Esse conceito surgiu no contexto do estudo de doenças transmissíveis, pois a identificação de micro-organismos não foi suficiente para explicar as causas de sua ocorrência (Susser, 1973). Por exemplo, nem todos os indivíduos que entram em contato com os micro-organismos adoecem; os que adoecem não apresentam a mesma gravidade. Essa constatação estimulou a utilização da estatística para avaliar a probabilidade da interferência de outros fatores no processo.

O desenvolvimento do conceito e das técnicas de cálculo do risco amadureceu, a partir do final da Segunda Guerra Mundial, com a importância crescente das doenças não transmissíveis, cujas causas não eram diretamente identificáveis. Os modelos estatísticos, aplicados a teorias biológicas, foram cada vez mais aprimorados.

A construção dos métodos de avaliação de riscos tem a experimentação como critério básico de rigor e legitimidade científica. No trabalho experimental, a lógica é controlar todos os fatores que podem interferir na experiência, criando-se condições de observar uma relação de causa e efeito. O ideal experimental é poder comparar a causa com a não causa, estando todas as outras condições sob controle. Para inferir o risco de um fator ou de um grupo de fatores, deve-se procurar observá-lo independentemente dos demais (Czeresnia; Albuquerque, 1995).

Construir um modelo para medir o efeito de uma causa, ou um conjunto de causas, exige um processo de "purificação". É necessário assumir algumas premissas que viabilizam o modelo, isolando os elementos que se deseja observar. Esse processo constrói uma abstração do fenômeno estudado. Na medida em que o modelo é construído, o fenômeno passa a ser apreendido mediante uma representação, que reduz sua complexidade (Stengers, 1990). A construção da representação é inerente à lógica do modelo, e é justamente a simplificação que viabiliza sua operacionalização.

A abordagem do risco, por mais que se utilizem os complexos modelos de análise, reduz ou desconsidera aspectos dos fenômenos estudados. O desenvolvimento do método impõe artifícios para poder viabilizar sua operacionalização. As reduções, inevitáveis do ponto de vista da lógica interna do método, constroem representações que tentam "substituir" a realidade.

Ocorre aí uma inversão: a medida do risco deveria ser utilizada assumindo-se critérios de adequação à realidade complexa, mas acaba por construir representações em que a própria realidade é apreendida com base na redução operada logicamente na viabilização do método. "Apagam-se" aspectos importantes dos fenômenos. O artifício operacional pode produzir artefatos que estreitam as possibilidades de compreensão e intervenção sobre a realidade.

Risco e normatividade: inversão da anterioridade da vida em relação à técnica baseada no conhecimento científico

A proeminência do modelo construído pelo conhecimento em relação ao fenômeno concreto que ele tenta explicar produz valores e consequências culturais.

Quando discute o conceito de normatividade vital em *O normal e o patológico*, Canguilhem (1995) afirma, ao contrário, que a experiência vital é anterior e raiz de toda atividade técnica. A reflexão que, nesse contexto, ele faz acerca das relações entre ciência, técnica e vida situa a compreensão das implicações culturais do conceito epidemiológico de risco.

A atividade normativa – entendida como capacidade de julgar e qualificar fatos em relação a uma norma, ou seja, de instituir normas – é, antes de tudo, uma propriedade da vida. "A vida não é indiferente às condições em que ela é possível, a vida é polaridade e, por isso mesmo, posição inconsciente de valor" (Canguilhem, 1995, p.96). A normatividade essencial à consciência humana desenvolve-se na própria vida. A cultura não é dissociada da natureza. "Toda técnica humana, inclusive a da vida, está inscrita na vida" (Canguilhem, 1995, p.99). A capacidade de regeneração e cura é inerente à condição somática. A medicina, enquanto técnica que se vale da ciência humana, é o prolongamento de uma propriedade vital. Na qualidade de um prolongamento do vital, a técnica médica é indispensável, mas relativa.

A técnica médica lida com a doença dividindo-a em uma multiplicidade de mecanismos funcionais alterados. Porém, a saúde e a doença são acontecimentos que dizem respeito ao organismo em sua totalidade. Cada organismo apresenta um conjunto de propriedades singulares e, graças a elas, é capaz de se preservar defendendo-se da destruição. Por mais ampliado que seja o poder de intervenção da técnica baseada na ciência, haverá sempre lacunas importantes entre o conhecimento de mecanismos funcionais e o conjunto de circunstâncias que interferem na saúde e na doença do homem.

Outro aspecto dessa restrição diz respeito aos limites do aferimento experimental, que fundamenta o conhecimento e a intervenção técnica, em relação às atividades funcionais fora do laboratório.

> A não ser que admitamos que as condições de uma experiência não têm influência sobre a qualidade de seu resultado – o que está em contradição com o cuidado para estabelecê-las –, não se pode negar a dificuldade que existe em comparar as condições experimentais às condições normais, tanto no sentido estatístico quanto no sentido normativo da vida dos animais e do homem. (Canguilhem, 1995, p.114)

Há uma tendência de desconsiderar o aspecto redutor do conhecimento e das técnicas que se produzem por meio dele. A técnica evidentemente interfere na experiência vital dos homens, constrói representações, discursos, experiências, e historicamente interfere também nas transformações biológicas e ambientais. Esse processo contém as consequências da inversão da anterioridade da experiência vital na configuração da técnica. Instituem-se normas que tendem a ocultar, na vida social, dimensões fundamentais da condição humana

Categoria vida

que não são passíveis de exclusão, mas tendem a ser negadas, recalcadas.

Os resultados dessa tendência contribuíram para a transformação das concepções clássicas de individualidade, autonomia, sociabilidade e suas formas de regulação, que aparecem como naturais, mas são uma construção que possibilitaram conquistas, mas também mal-estar e desafios. Daí a pertinência de procurar esclarecer a natureza da individualidade moderna e, especificamente, como as ciências da vida interferem nessa construção.

A questão da individualidade na história das ciências da vida: conceitos de célula, transmissão e risco

A questão da individualidade é um tema fundamental e persistente na história das ciências. Essa afirmação está presente na análise de Canguilhem (1976) sobre a teoria celular. Ele ressalta como a história do conceito de célula é inseparável da história do conceito de indivíduo e que valores sociais, afetivos e culturais estão presentes em seu desenvolvimento.

No contexto da racionalidade das ciências da vida, a questão da individualidade, bem como os problemas teóricos que ela suscita, distingue dois aspectos dos seres vivos que estão intrincados em sua percepção: matéria e forma (Canguilhem, 1976). Do ponto de vista material, o indivíduo é divisível, estudado pela biologia através de estruturas cada vez menores. Enquanto forma, o ser vivo é uma totalidade indivisível, não existe sem estar inserido em um meio que lhe seja adequado.

A biologia conceituou o ser vivo a partir de sua estrutura material, estudada com base em fenômenos físico-químicos, correspondendo a um meio que, por sua vez, foi concebido como os componentes físico-químicos que estão em contato com a parte externa do organismo, exercendo efeito sobre ele (Jacob, 1983). Já o ser vivo, enquanto forma, não se esgota no conceito de organismo, nem o meio em seus componentes físico-químicos. Como totalidade, em sua expressão enquanto forma, o ser vivo passa a ser objeto de reflexão filosófica, pois não se reduz à biologia no sentido estrito.

A apreensão da vida com base nesses dois aspectos da percepção dos seres vivos, apesar das diferenças, preserva elos que evidenciam características constituintes e definidoras da condição de ser vivo.

Um deles é a constatação de que o ser vivo, ao mesmo tempo que preserva sua individualidade distinguindo-se morfologicamente do todo, só sobrevive se estiver em relação com o meio que o circunda. A questão da alteridade é um dado da vida. A afirmação de que o ser vivo mantém sua unidade em virtude da sua abertura e apesar dessa abertura (Canguilhem, 1977b) tem uma dimensão biológica relativa às estruturas anatômicas e trocas físico-químicas entre meio interno e meio externo. Mas tem um sentido vital que transcende em muito essa dimensão: como o homem lida culturalmente com esta simultaneidade, entre a separação e a abertura; entre a preservação do indivíduo e a da espécie; entre o individual e o coletivo.

Os conceitos científicos, para além de uma construção racional, são também uma construção simbólica. Valores relativos à individualidade e à alteridade interferiram na construção da teoria celular, como apontou Canguilhem, e também na construção das teorias sobre a propagação das doenças epidêmicas (Czeresnia, 1997). Na origem dessas teorias está a percepção do contágio, isto é, de que a doença epidêmica propaga-se por meio do contato com doentes ou objetos por eles tocados. Contágio é uma experiência originária que se refere ao medo do contato com o outro. O pânico vivenciado nas epidemias esteve relacionado a atitudes obscurantistas e irracionais de rejeição.

Categoria vida

A predisposição à doença na Idade Média foi associada à abertura do corpo às sensações e às circunstâncias que ampliam os espaços de permeabilidade do corpo. Os mais propensos a adoecer seriam aqueles mais abertos ao contato e aos estímulos. Essa referência às interfaces do corpo permanece presente nos deslocamentos e descontinuidades que culminaram na emergência da teoria moderna de transmissão de agentes específicos (Czeresnia, 1997).

O conceito de transmissão construiu uma nova racionalidade capaz de controlar o medo difuso associado à velha noção de contágio, permitindo alcançar formas mais efetivas de intervir sobre a propagação de doenças epidêmicas. Esse conceito surgiu no século XIX, no contexto da emergência da medicina moderna. Ancorado no conceito de organismo, o conceito moderno de doença encontrou correspondência na anatomia patológica. Por sua vez, a explicação sobre a propagação das doenças epidêmicas deslocou-se dos sentidos do tato e olfato, que produziam uma apreensão vaga, para o sentido da visão, possibilitando uma definição objetiva e precisa das origens da epidemia. A partir da descrição das lesões específicas relacionadas aos sinais e sintomas clínicos de doenças, buscou-se definir os agentes e os caminhos também específicos que seriam responsáveis pelo desencadeamento do processo inflamatório (Czeresnia, 1997).

O conceito de transmissão viabilizou uma teoria de estrutura científica sobre a propagação de doenças epidêmicas. Permitindo encontrar formas mais racionais e seguras de controle das doenças, estava aparentemente desconectado da carga simbólica contida na percepção original do contágio. Porém, assim como as outras teorias explicativas sobre as epidemias, ele também continha uma representação simbólica das interfaces corporais, interferindo na construção moderna da ideia de alteridade. Uma perspectiva orgânica e anatômica fez emergir o conceito de transmissão. Porém, aproximando-se do corpo com base em sua anatomia e morfologia, a medicina da época detinha-se significativamente no estudo das estruturas de interface: a pele e as membranas mucosas (Czeresnia, 1997).

A gênese do conceito transmissão é uma das evidências sugestivas de que as interfaces do corpo são elementos de interpretação central para a compreensão da doença como um fenômeno que integra as dimensões biológica e simbólica.

A teoria de doença epidêmica moderna contribuiu para a construção de representações corporais que levaram a um crescente "fechamento" de suas interfaces, tornando o corpo uma estrutura primariamente defensiva. Isso pode ser exemplificado mediante as inúmeras metáforas militares que impregnam o discurso médico. Desloca-se para um referencial externo exacerbadamente defensivo aquilo que seria uma propriedade interna do homem enquanto ser vivo: a capacidade de preservar sua integridade, autonomia e identidade em relação dinâmica com o que o circunda (Czeresnia, 1997), o que, de maneira secundária, não exclui a necessidade da defesa.

Esses mesmos valores não só estão presentes como se acentuaram no deslocamento do conceito de transmissão de agentes microbiológicos para o conceito de risco, como vimos, hoje predominantes nas abordagens epidemiológicas e de promoção da saúde. O conceito de risco abstrai de maneira ainda mais radical a relação entre homem e meio. O conceito de transmissão representa a interface do corpo como interação entre orgânico e extraorgânico. O conceito de risco prescinde até mesmo dessa relação (Ayres, 1997), pois se constitui com base em modelos de probabilidade da relação entre exposições (causas) e eventos (doenças) (Czeresnia, 1997).

Uma interpretação consequente dessa análise é a de que risco caracteriza uma alternativa da sociedade moderna para lidar com o medo do contato, manifesto de modo mais trágico e cruento nas imagens do contágio das pestes medievais. Um substituto cultural das formas pré-modernas de lidar com o medo do perigo no contato com o outro (Douglas, 1992).

De outro ângulo, constata-se como o processo progressivo de abstrações que configuraram os conceitos de transmissão e risco fez emergir novas estratégias de intervenção que marcaram profundas transformações na prática médica. A teoria dos germes inaugurou a concepção moderna de prevenção de doenças. O conceito de risco produziu um deslocamento importante nas práticas de prevenção.

O risco não surge da presença de um perigo localizado em um indivíduo ou grupo concreto. O objetivo não é enfrentar uma situação concreta de perigo, mas evitar todas as formas prováveis de irrupção do perigo. Dissolve-se ainda mais a noção de sujeito ou de indivíduo concreto, substituindo-a por uma combinatória de "fatores de risco". O componente essencial das intervenções deixa de ser uma relação direta face a face entre profissional (cuidador) e cliente (cuidado). Torna-se a prevenção da frequência de ocorrência na população de comportamentos indesejáveis que produzem risco em geral (Castel, 1991).

Na perspectiva foucaultiana as estratégias de prevenção de doenças são interpretadas como capazes de exercer uma função disciplinar de controle e regulação. Com o conceito de risco, desloca-se a lógica de normatizar diretamente o comportamento de indivíduos e grupos sociais. Ocorre então um processo de regulação em que os sujeitos são impelidos a realizar voluntariamente escolhas saudáveis orientadas por cálculos de risco. Nesse contexto, risco na sociedade de hoje é compreendido como tecnologia moral, através da qual indivíduos e grupos sociais são manejados para estar em conformidade aos objetivos do Estado neoliberal (Lupton, 1999). Cria-se uma esfera de liberdade para os sujeitos, para que estejam aptos a cuidarem de si mesmos, exercendo uma autonomia regulada (Petersen, 1996).

Características, limites e contradições da concepção de indivíduo e autonomia que predomina na cultura ocidental contemporânea e suas articulações com o risco é um tema recorrente entre pensadores da modernidade.

Risco e cultura

O controle de riscos é um componente importante do esforço progressivo de buscar proteção contra as ameaças à vida humana, um dos elementos centrais do processo civilizador. Em *O mal-estar na civilização*, Freud (1990) afirma que tudo o que se procura com o fim de proteção contra ameaças de sofrimento humano faz parte da civilização. Essas ameaças são provenientes de três principais fontes: o mundo externo, o próprio corpo e as relações entre os homens. Paradoxalmente, as conquistas da civilização acarretam mal-estar.

Freud se refere à existência de conflitos inconciliáveis como o que tensiona os interesses do indivíduo em relação aos da coletividade. A civilização exige renúncia e consequente insatisfação de instintos poderosos, o que produz grande frustração cultural nos relacionamentos sociais entre os homens. A civilização impõe repressão à sexualidade e à agressividade. A mudança para a postura ereta, a desvalorização dos estímulos olfativos, a predominância dos estímulos visuais e a tendência cultural para a ordem e a limpeza afastaram o homem de sua ligação mais íntima com a natureza, cercearam sua sexualidade, reprimiram mais fortemente seus instintos, tornando-o mais infeliz.

Elias (1994) também ressalta que, no decorrer do processo civilizador, os aspectos mais primitivos e animais da vida humana foram associados a sentimentos de repugnância e vergonha e tenderam a ser removidos da vida social pública, banidos para os bastidores. Em *A solidão dos moribundos* (Elias, 2001), o

Categoria vida

autor analisa como a morte é uma das dimensões da vida que foi progressivamente empurrada para os bastidores durante o impulso civilizador. O aumento progressivo da longevidade adia o confronto com a condição de finitude do homem e isso é acompanhado de uma tendência crescente de isolar e ocultar a morte. A finitude é, contudo, incontornável; e a perspectiva de controle do homem, limitada. O recalcamento ou a negação deste, assim como de outros aspectos da condição humana, pode ter consequências mais indesejáveis do que conhecê-los e vivenciá-los de maneiras concreta e sem retoques.

Elias (2001) lembra como na sociedade medieval a morte era mais presente, mais familiar, menos oculta, o que não significa que o contato com ela fosse mais tranquilo. Havia menos controle dos perigos e a morte era, muitas vezes, mais dolorosa. Não há como negar que, no decorrer dos séculos que nos separam dos tempos medievais, ocorreram mudanças acentuadas nas condições de vida. A vida tornou-se mais longa, mais segura em relação a eventos imprevisíveis e ameaçadores e isso se reflete nas transformações importantes dos padrões de morbidade e mortalidade das sociedades ocidentais. Porém, na tentativa incessante de aliviar os sofrimentos, o homem moderno afastou-se do contato com experiências fundamentais de sua humanidade. A morte faz parte da vida e, contraditoriamente, a estética asséptica que tenta varrer a morte para os bastidores da vida acaba por ter um resultado macabro que fragiliza a própria vida.

Não se trata de romantizar o passado como se ele tivesse sido melhor que o presente. Mas o resgate do passado pode trazer alguns elementos que iluminam a perspectiva crítica e vislumbram a construção de novas possibilidades. Pela recuperação da história e imagens dos tempos medievais, por exemplo, pode-se entrar em contato com dimensões que foram negadas e interrogar a pertinência das opções culturais do ocidente.

No decorrer do processo civilizador, a sociedade ocidental recalcou experiências que antes eram vividas de modo mais íntegro, construindo uma forma cultural específica de lidar com situações de conflitos insolúveis, constitutivos da condição humana. A dificuldade de lidar com o paradoxo produziu, no desenvolvimento da cultura, a fragmentação da realidade em oposições, optando-se por privilegiar valores como ordem, limpeza, proteção e controle.

A constituição da individualidade moderna implicou mudanças radicais nos modos de pensar e sentir. O refinamento dos costumes vinculou-se ao desenvolvimento de lógicas e técnicas de proteção do corpo. As fronteiras corporais tenderam a tornar-se progressivamente mais demarcadas e os corpos mais defendidos (Rodrigues, 1999). O paroxismo dessa tendência seria o isolamento e assepsia total expressos na imagem fragilizada do menino-bolha utilizada por Baudrillard em *A transparência do mal*, que mobiliza a interrogação: o impedimento de qualquer contato direto com outro ser, consequente à manutenção da vida pela desinfecção absoluta do ambiente, já não seria a própria morte? (Baudrillard, 1990; Rodrigues, 1999).

Metáforas como essa, de separação radical entre "mundo interno" e "mundo externo" correspondem ao alto grau de individualização das sociedades ocidentais desenvolvidas. As pessoas se percebem como sujeitos isolados. É cada vez mais marcada a ideia do indivíduo totalmente autônomo, separado e inteiramente independente.

Há uma contradição importante nessa percepção. A estruturação da autoidentidade do indivíduo moderno tem como característica central a consideração de riscos informados pelo conhecimento especializado (Giddens, 2002), como é o caso do risco epidemiológico. A percepção de independência e autonomia dos sujeitos contrasta com a análise realizada neste texto que evidencia, na construção do conhecimento,

Categoria vida

um processo de abstração do sujeito, de "esquecimento" de dimensões vitais a sua singularidade.

O corpo, nos mais diversificados aspectos de sua apreensão, torna-se progressivamente objeto de escolha e opções (Giddens, 2002). O indivíduo "autônomo" e "independente" que realiza essas escolhas afasta-se, porém, do contato com experiências fundamentais a sua integridade. Uma dessas experiências diz respeito a capacidade de relação, que não poderia estar desvinculada da autonomia. A vida, tanto do ponto de vista biológico como filosófico, é capacidade de individuar-se em relação.

A imagem do homem como um ser totalmente autônomo, separado dos demais, é distorcida, produz sentimentos de solidão, esvazia o sentido da existência. O conceito de sentido não pode ser compreendido tendo como referência um ser humano isolado. O sentido é uma categoria social, algo constituído por pessoas em grupos, interconectadas e em comunicação (Elias, 2001).

Ao estudar as relações entre corpo e cidade na civilização ocidental, Sennett (1997) detecta a produção de progressivo afastamento em relação ao outro. Ele diagnostica como os projetos arquitetônicos modernos produzem privação sensorial, passividade e cerceamento tátil. Há no ambiente urbano uma perda cada vez maior da conexão entre corpo e espaço. O movimento e a velocidade acelerada nas cidades ajudam a *dessensibilizar* o corpo, tornando-o mais indiferente às dores alheias. Afirma que nosso entendimento a respeito do corpo precisa mudar para que as pessoas passem a se importar mais umas com as outras. O individualismo moderno tem como objetivo a autossuficiência, isto é, a perspectiva de seres completos. Porém, é a consciência da incompletude, o reconhecimento de nossa própria inaptidão que possibilita a compaixão cívica e a solidariedade.

A lógica da defesa acima de tudo, que impera em uma sociedade que procura incessantemente controlar riscos, acaba por transformar-se no mais grave perigo, pois estes não desaparecem simplesmente porque procuramos evitá-los (Sennett, 1997). As imagens idealizadas de plenitude entram em contradição com a necessidade de confrontarmos nossa fragilidade, encontrando formas mais elaboradas de lidar com contradições e mesmo paradoxos inerentes à condição humana.

Todos esses autores estão se referindo à forma como se configurou a individualidade em relação ao mundo externo na civilização ocidental. Uma interrogação que emerge a partir dessas leituras é se haveria outros modos possíveis de conformação de representações de corpo, indivíduo e de suas fronteiras com o mundo externo, que, por sua vez, configurariam outras formas culturais de lidar com a tensão entre individual e coletivo na sociedade ocidental.

Os conceitos de transmissão e risco contribuíram na construção dessas representações e foram elementos de desenvolvimento técnico que produziram efeitos significativos nas mudanças de perfil de morbidade e mortalidade das populações. Porém, o aumento da longevidade ocorreu acompanhado dos "efeitos colaterais", analisados anteriormente.

No decorrer do século XX, houve uma extraordinária e veloz ampliação da capacidade técnica da medicina. Aumentou muito a possibilidade de tratar os mecanismos das doenças, o que teve força para diminuir sofrimentos, mas provocou também um afastamento cada vez maior do sofrimento concreto dos homens. A afirmação de que "o cuidado com as pessoas às vezes fica muito defasado em relação ao cuidado com seus órgãos" (Elias, 2001, p.103) expressa muito bem essa contradição.

Esse problema está relacionado à tensão entre técnica médica e necessidades vitais, cuja raiz está na duplicidade da percepção dos seres vivos entre matéria e forma, detectada por Canguilhem. A técnica médica se constrói privilegiadamente com base na percepção do ser vivo enquanto matéria, já o vital manifesta-se no ser vivo enquanto forma. Uma diz respeito à noção de vida das ciências da vida, do estudo de mecanismos físico-químicos, fundamento cognitivo das intervenções da técnica médica. A outra, à vida que se manifesta como acontecimento, em sua totalidade.

Encontrar modos conscientes e criativos de considerar a complexidade dessa duplicidade é um desafio para os que buscam alternativas mais consistentes de transformação das práticas de saúde (Czeresnia, 2003).

Essa ideia encontra convergência com a perspectiva utópica que Santos (2000) formula ao reivindicar que o uso da técnica ocorra a fim de permitir ao homem crescer em sua humanidade. Ele afirma que hoje são dadas condições materiais para uma grande mutação da humanidade, mas que a mutação tecnológica deveria ser acompanhada igualmente de uma mutação filosófica.

> Muito falamos hoje nos progressos e nas promessas da engenharia genética, que conduziriam a uma mutação do homem biológico, algo que ainda é domínio da história da ciência e da técnica. Pouco, no entanto, fala-se das condições, também hoje presentes, que podem assegurar uma mutação filosófica do homem, capaz de atribuir um novo sentido à existência de cada pessoa, e também do planeta. (Santos, 2000, p.174)

Elias expressa um pensamento semelhante ao afirmar:

> no presente, o conhecimento médico é em geral tomado como conhecimento biológico. Mas é possível imaginar que, no futuro, o conhecimento da pessoa humana, das relações das pessoas entre si, de seus laços mútuos e das pressões e limitações que exercem entre si faça parte do conhecimento médico. (Elias, 2001, p.95)

Uma "mutação filosófica" certamente exigiria o esforço de encontrar novas formas de conviver com o conflito entre individualidade e alteridade, que pressuporia a valorização de ambos. Isso não seria possível sem entrar em contato e conseguir reelaborar experiências originárias que mobilizaram a opção da civilização para o polo da ordem, da defesa e do controle. Uma abertura ao risco (Caponi, 2003), além do seu controle, é também condição básica para se conquistar e promover saúde.

Capítulo 2
Interfaces do corpo: integração da alteridade no conceito de doença[1]

As representações da saúde e da doença na cultura ocidental apresentam diferentes ordens de realidade. O conhecimento sobre o corpo é fragmentado em diversas e redutoras perspectivas teóricas, que configuram os campos de conhecimento biológico, psíquico e social.

Na abordagem contemporânea do adoecer destaca-se a supremacia da ordem biológica, que conformou a constituição da medicina moderna. Na organização das práticas, na formação dos recursos humanos, há pouco espaço para a consideração das dimensões psíquicas e sociais do adoecer. Biologicismo e naturalização são termos utilizados na avaliação crítica sobre a redução que o enfoque hegemônico da biologia produziu na configuração do campo da saúde.

---

[1] Versão revista e atualizada do artigo "Interfaces do corpo: integração da alteridade no conceito de doença", *Revista Brasileira de Epidemiologia*, São Paulo, v.10, n.1, p.19-29, 2007.

A doença na sociedade ocidental é compreendida mediante o conceito de organismo, formulado com base em uma concepção mecanicista do corpo, que impregnou a cosmovisão norteadora da racionalidade científica desde o seu nascimento (Luz, 1988). O conceito moderno de doença constituiu-se por meio da análise da estrutura material do corpo, estudada pela anatomopatologia.

Esse aspecto foi observado por Foucault (1987b) em *O nascimento da clínica*. Ele analisou como o estudo da morte foi o recurso que possibilitou dar ao olhar e à linguagem descritiva do corpo um fundo de estabilidade, visibilidade e clareza. "Foi quando a morte se integrou epistemologicamente à experiência médica que a doença pôde se desprender da contranatureza e tomar corpo no corpo vivo dos indivíduos" (Foucault, 1987b, p.227). O reconhecimento da morte no pensamento médico foi fundamental para a emergência da medicina como ciência do indivíduo. De modo geral, talvez a experiência da individualidade na cultura moderna esteja ligada à da morte... "Ela permite ver, em um espaço articulado pela linguagem, a profusão dos corpos e sua ordem simples" (Foucault, 1987b, p.227).

A ordem simples que a morte permite ver é a de um momento em que o corpo anatômico fixa sua individualidade, ao mesmo tempo que começa a se decompor. Já a vida caracteriza-se por uma constante (re)constituição do corpo, em interação e integração com as circunstâncias que o envolvem. A individualidade se preserva no decorrer da vida através de um constante dinamismo relacional. Para o vivo, a individualidade só acontece em relatividade.

O conceito moderno de doença reconheceu e integrou a morte na experiência médica. O conhecimento se redefiniu ao desvelar a morte, mas nesse movimento algo essencial permaneceu oculto: a alteridade. O homem doente foi abstraído de "um contexto mais amplo e recodificado por um saber autorizado a reduzi-lo, a ele só, indivíduo, despido de todas as conexões que constituem em conjunto o significado de sua vida" (Mendes Gonçalves, 1990, p.53). O conceito moderno de doença tem como marca uma redução que encobre as relações em movimento, as emoções, a singularidade dos sujeitos. Refere-se a um corpo desvitalizado que não inclui o homem em sua integridade. Na prática médica, a consequência é um esquecimento de que a clínica coloca o médico em contato com homens concretos, e não apenas com seus órgãos e funções (Canguilhem, 1995). Não apenas a integração da morte, mas também o encobrimento da alteridade tiveram papel fundamental em direcionar a clínica médica moderna.

É interessante notar que, na experiência originária da doença, morte e alteridade foram tragicamente vivenciadas através do contágio das doenças epidêmicas. A noção de contágio associa contato, doença e morte. Mobilizada pela experiência biológica da propagação de epidemias, a percepção do contágio suscita a produção de fortes imagens simbólicas que expressam a condição trágica da existência.

No século XIX, com a emergência da anátomo-clínica, a origem da doença foi compreendida pela identificação de causas provenientes do mundo externo, produzindo lesão orgânica e conduzindo a sinais e sintomas específicos. A teoria de doença epidêmica moderna contribuiu para a construção de representações corporais que levaram a um crescente isolamento de suas interfaces, tornando o corpo uma estrutura primariamente defensiva, como visto no capítulo 1.

Por um lado, a doença é compreendida como algo que vem de fora, produzida pela invasão de agentes nocivos ou riscos potenciais. Por outro, com o advento da biologia molecular, surge a representação da doença como algo que é de dentro, potencialmente inscrito no código genético. As tentativas de alcançar o desvendamento das bases moleculares da doença humana estão centradas hegemonicamente em um ponto de vista interno, convergindo para o estudo da genética. A crença que se difunde é de que a decifração do genoma permitiria compreender a natureza humana, ou pelo menos o essencial dos mecanismos de ocorrência das doenças. A doença seria reduzida a um ou diversos erros de programação, isto é, à alteração de um ou diversos genes (Atlan, 2002).

Apesar do reconhecimento de que meio ambiente e estilo de vida, aspectos psíquicos e sociais são importantes contribuintes para a gênese das doenças, há um hiato epistemológico entre as explicações dessas distintas ordens de realidade. As articulações entre elas são avaliadas como relação entre "fatores" e doença, através de estudos epidemiológicos de risco. A natureza dessas articulações é uma caixa preta (Susser; Susser, 1996), ou seja, pouco se conhece sobre a base em que ocorre a relação entre esses eventos.

Nesse contexto, faltam recursos para compreender o papel do espaço intermediário em que interagem elementos internos e externos na configuração da doença. Entretanto, surgem indícios que permitem supor uma nova forma de tratar a questão da alteridade no conceito de doença. No discurso médico contemporâneo aparecem referências acerca da natureza intrinsecamente relacional dos processos biológicos de constituição do organismo, na saúde e na doença, como será analisado adiante.

A ligação entre processos que ocorrem nas interfaces do corpo pode aproximar a dimensão biológica e psíquica em direção à integração do psicossoma. Nesse sentido, tomar a obra de Winnicott como exemplo para dialogar com a perspectiva de possíveis transformações epistemológicas na biomedicina é pertinente pela característica de seu pensamento ser marcado por uma concepção integrada de psicossoma.

Interfaces e psiquismo

A proposição de que o sujeito é constituído nas interfaces de relação com o outro é formulada no campo da psicologia e da psicanálise. Winnicott considera, de modo significativo, a importância do ambiente nos processos de individuação. A existência de uma área intermediária de experimentação, para a qual contribuem tanto a realidade interna como a externa, está presente em sua obra. Essa área intermediária foi formulada como uma terceira parte da vida, em que se realizaria "a perpétua tarefa humana de manter as realidades interna e externa separadas, ainda que inter-relacionadas" (Winnicott, 1975, p.15). A constituição da individualidade no decorrer do desenvolvimento é algo que acontece na interface da relação com o meio.

A realidade psíquica interna torna-se um mundo pessoal, cujo desenvolvimento ocorre a partir de uma troca constante, à medida que o sujeito vive e coleta experiências. Isso se exerce

> de modo que o mundo externo é enriquecido pelo potencial interno, e o interior é enriquecido pelo que pertence ao exterior. A base para esses mecanismos mentais é, nitidamente, o funcionamento da incorporação e eliminação na experiência do corpo. (Winnicott, 1983, p.93)

Winnicott ressalta que a experiência de funções e sensações da pele (estrutura de interface) fortalece a coexistência entre psique e soma. A pele tem papel fundamental na percepção do esquema corporal, do que é interior e do que é exterior. O estímulo da pele é um fator importante para o reconhecimento da psique e para o processo de integração do psicossoma (Winnicott, 1990).

O esforço desse autor, e de todos os outros que depois avançaram na tentativa de pensar o corpo de maneira integrada, não alcançou um discurso comum que articulasse as dimensões psíquica e biológica. O psiquismo é definido por uma base epistemológica que se distingue da que conceitua corpo biológico. O conceito de aparelho psíquico foi construído por meio de rupturas com os conceitos da biologia e há lacunas, até hoje intransponíveis, entre ambos.

Essa heterogeneidade estimula a construção de representações que acabam fortalecendo a dissociação. A citação a seguir exemplifica com clareza essa tendência de representação predominante de corpo biológico isolado e independente:

> Quando estudamos linfócitos, estudamos linfócitos isolados ou em grupo, mas pertencentes a um indivíduo tomado isoladamente. O problema é que nós adoecemos e, portanto, nosso sistema imunológico erra; ou, falando mais tecnicamente, ele se deprime no momento em que o sujeito está comprometido numa relação com o outro. Não existe, por enquanto, uma biologia da intersubjetividade. Não sabemos estudar os linfócitos em função do que se passa em uma relação. Não quero dizer que não vamos conseguir isso, mas, por enquanto, nós não conseguimos. (Dejours, 1998, p.43)

Essa citação permite identificar uma das lacunas importantes para a aproximação entre os conceitos de psiquismo e corpo biológico: o limite da biologia e da biomedicina em integrar o papel do outro na compreensão dos fenômenos de constituição do corpo, na saúde e na doença.

O surgimento de um discurso que valoriza a importância dos micro-organismos na constituição evolutiva e ontogênica do organismo e, consequentemente, na explicação da origem e transformação das doenças humanas poderia prenunciar a emergência de novas bases para a integração da alteridade no conceito de doença. É possível vislumbrar a hipótese de pensar a dimensão psíquica e somática decorrentes de uma mesma origem que se constitui nas interfaces do corpo.

Interfaces e individualidade biológica

Em síntese, o corpo biológico foi definido por uma concepção mecanicista que o apreende desconectado de suas interfaces. Não há dúvida de que a biologia pressupõe o corpo em relação, em constante troca com o meio, em constante exercício de funções de assimilação e de excreção. Porém, deixa a desejar a compreensão de como nas interfaces são constituídos atributos do corpo biológico e suas fronteiras.

Alguns autores formularam um discurso que permite avançar a reflexão sobre a natureza relacional do organismo biológico. Edgar Morin afirmou que, no caso da individualidade biológica, também seria válida a mesma complexa concepção que compreende os fenômenos na microfísica. A individualidade biológica porta aspectos da individualidade física, integrando-os, transformando-os e desenvolvendo-os (Morin, 2002). A individualidade microfísica tem a natureza de possuir ao mesmo tempo uma face descontínua, corpuscular, e outra face contínua, ondulatória. Isso significa "que a individualidade microfísica é complexa no sentido em que é inseparável, complementar, antagônica, com um *continuum* infra, extra e, talvez, supraindividual" (Morin, 2002, p.167). A analogia entre a individualidade microfísica e a biológica é feita, segundo o autor, no sentido de radicalizar o vivo e não de identificar o físico com o vivo (idem).

É com essa complexidade que Morin propõe compreender a constituição da autonomia dos seres vivos em sua dependência relativa ao meio de que fazem parte. Isso, para ele, significa conceber "o indivíduo simultaneamente enquanto indivíduo e enquanto participação/expressão de processos trans-individuais relativamente aos quais se encontra em dependência – autonomia, complementaridade/identidade – antagonismo" (Morin, 2002, p.167). Daí a necessidade de termos antagônicos para conceber o indivíduo vivo: indivíduo e infra/supra/metaindividualidade; autonomia e dependência; diferença e pertença etc.

Da mesma forma que na mecânica quântica foi criada uma estrutura formal na qual não existe mais uma fronteira definida entre objeto conhecido e sujeito cognoscente, parece ser interessante utilizar esse esquema formal no aprofundamento de nosso entendimento do processo saúde-doença.

A analogia entre a complexidade da individualidade microfísica e a da individualidade biológica pode ser apropriada para compreender os próprios processos constitutivos do corpo. É possível conceber que o corpo biológico seja constituído por uma condição de simultânea descontinuidade e continuidade. Ou seja, a individualidade biológica porta em si um paradoxo: por um lado, a descontinuidade define a própria distinção da individualidade; por outro, a continuidade é constitutiva da individualidade biológica. A individualidade biológica não está em relação, ela é constituída em relação.

É dessa maneira que se pode entender a capacidade de autoprodução do ser vivo. A individualidade consiste na existência de si mesmo e na capacidade de perseverar sua autonomia (idem). Porém, o reconhecimento prévio de si, mesmo fundamental, não é suficiente para explicar a autoprodução do ser vivo. Ao deixar penetrar o que o alimenta e rejeitar o que o ameaça, o ser vivo constitui ou rejeita o outro em si mesmo, (re)constituindo o reconhecimento de si.

Seguindo esse raciocínio, haveria a possibilidade de estender a analogia entre a individualidade microfísica e a biológica com a individualidade complexa dos seres humanos? Poderíamos pressupor que a complexidade do psiquismo humano, constituído na relação com o outro, teria alguma correspondência epistemológica com processos biológicos já existentes nos seres vivos mais simples?

Essa interrogação também já foi formulada por Edgar Morin:

É bem evidente que as noções de sujeito, de eu, de mim, antropomórficas e antropocêntricas, só adquirem sentido no nosso vocabulário, na nossa linguagem, na nossa consciência. Poderemos, a partir daí, enraizar o eu e o mim, provenientes da consciência e da linguagem, no organismo mudo e inconsciente da bactéria? (Morin, 2002, p.192)

Morin propôs tornar concebível uma comunicação entre a noção biológica e a antropológica de sujeito, apoiada na ideia de uma identidade fundamental de estrutura.

Certamente é a consciência humana que produz o sujeito. Mas, ao mesmo tempo, a concepção humana do sujeito pode aparecer, já não como a base primeira, mas como o desenvolvimento último da qualidade de sujeito. Nós, indivíduos-sujeitos humanos, dispomos necessariamente das qualidades fundamentalmente biológicas do sujeito. (idem)

A partir daí, Morin sugere que o problema da alteridade não diz respeito apenas à constituição dos sujeitos humanos, pois mesmo os seres unicelulares apresentam a qualidade do indivíduo vivo.

[...] devemos reconhecer que os nossos intestinos abrigam e alimentam bilhões de microssujeitos que são as bactérias *Escherichia coli* e que o nosso próprio organismo é um império-sujeito constituído por bilhões de sujeitos. [...] Parece-nos evidente que, do ponto de vista conceitual, a chave do indivíduo-sujeito bacteriano está no indivíduo-sujeito humano; parece-nos evolutivamente lógico que a chave do indivíduo-sujeito humano está no indivíduo-sujeito bacteriano. Temos pois de tentar ligar essas duas proposições num anel produtor de conhecimento. (Morin, 2002, p.224)

Podemos considerar que esse é um dos mais essenciais desafios para aproximar a possibilidade de integração do psicossoma.

A importância da alteridade nos processos de constituição do corpo foi analisada também por Francisco Varela. No texto *Intimate Distances*, ele formulou uma fenomenologia do transplante de órgãos baseado em sua própria experiência de ter um fígado transplantado. Varela afirmou que a tecnologia não introduziu a alteridade em seu corpo como uma inovação radical. A tecnologia movimentou e ampliou algo que sempre esteve presente de forma constitutiva. Nesse contexto, ele se refere aos micro-organismos:

> Os limites do "eu" ondulam, estendem-se e contraem-se, e por vezes alcançam bem longe dentro do ambiente, as presenças de múltiplos outros, compartilhando um limite autodefinido com bactérias e parasitas. Esses limites fluidos são um hábito constitutivo que compartilhamos com todas as formas de vida. (Varela, 2001, p.263)

Em seguida, ressaltam-se alguns indícios da integração da alteridade no conceito de doença, evidenciados na literatura médica recente.

Interface e micro-organismos

Microorganismos foram e continuam sendo a principal força que conforma a genética das populações humanas. O papel que desempenham na configuração evolutiva do organismo humano é tão importante que um mundo sem eles poderia até ser comparado a um mundo sem gravidade (André et alii, 2004).

Os micro-organismos interpenetram o organismo humano, de sua concepção até a morte, interferindo nos fenômenos genéticos e epigenéticos através de adaptações mútuas e coevolução (Tosta, 2001). Micro-organismos podem mobilizar os sistemas adaptativos, críticos para a manutenção da homeostase do organismo – sistemas imune, nervoso e endócrino. A comunicação bidirecional entre comunidades microbianas e os sistemas adaptativos – as transconexões – envolvem processos de ativação gênica e trocas genéticas (Tosta, 2001).

Elementos desse novo discurso estão presentes nas formulações da chamada Epidemiologia Evolucionária, que explica como características – expressas por conceitos epidemiológicos tradicionais como letalidade, taxas de transmissão, prevalências de infecção – "mudam através do tempo à medida que hospedeiros e parasitas evoluem em resposta um ao outro e ao meio ambiente externo" (Ewald, 2004, p.7). Amplia-se a escala de investigação da epidemiologia ao se tentar compreender as transformações históricas nos padrões de doença das populações através do estudo de mudanças evolucionárias recíprocas entre micro-organismos e homem.

Essa vertente de estudos formula o desafio de, além de desvendar mecanismos moleculares específicos, integrá-los à dinâmica do sistema imune. Chama a atenção para a necessidade de abordagens multidisciplinares que construam sínteses entre a investigação dos caminhos bioquímicos e moleculares da origem das doenças e os processos adaptativos que os determinam. Interações moleculares não se dissociam do processo histórico de interações entre seres vivos, construindo o processo evolutivo (Frank, 2002).

Outra questão considerada por esses autores é a de que o sistema imune depende de limiares quantitativos que determinam a regulação dos tempos e forças da resposta imunológica. Esse aspecto está relacionado às variações das respostas individuais a infecções e outros processos patológicos e é algo ainda muito pouco compreendido (André et alii, 2004). Para além da ideia de especificidade – um dos pilares fundamentais da construção do conceito moderno de doença –, integra-se nessa questão o elemento da modulação, ou seja, da harmonia na relação entre proporções, forças, doses, tempos dos processos biológicos. É necessário considerar o movimento do sistema como um todo, a interação entre seus componentes no tempo e no espaço.

Um processo biológico de defesa contra um agente específico pode produzir consequências indesejáveis relacionadas a outra patologia. Utiliza-se o termo *trade-off* para caracterizar esse fenômeno – na área econômica, essa expressão para descrever situações em que medidas tomadas para evitar algo indesejável, como a inflação, podem produzir outro problema como consequência, como o desemprego, e vice-versa.

Se o aumento da força, rapidez ou vigor de uma reação imune específica produz consequências que interferem em outra, isso significa que os processos biológicos que produzem doenças estão interligados. As mudanças de exposição a micro-organismos certamente trarão consequências que não podem ser totalmente previstas. A redução da imunidade de grupo tende a impor uma maior vulnerabilidade a doenças infecciosas emergentes nas populações humanas (idem). Constata-se ainda que a exposição a micro-organismos não envolve apenas a etiologia das chamadas doenças transmissíveis. Intrincadas relações entre micro-organismos e sistema imune atuam na origem de outras doenças, como as alergias (idem).

Pesquisas recentes investigam a relação etiológica entre a diminuição da incidência de doenças transmissíveis nos países desenvolvidos e o aumento das doenças alérgicas e autoimunes. A discussão desse tema na literatura médica sinaliza transformações significativas no entendimento da etiologia das doenças (Czeresnia, 2005).

No contexto das pesquisas sobre a chamada hipótese higiênica, uma das teorias explicativas propõe que o estímulo

Categoria vida

do tecido linfoide intestinal por micro-organismos – patógenos e comensais orofecais – seria importante para a maturação do sistema imune da mucosa (Matricardi et alii, 2000). A insuficiência desse estímulo estaria na origem de transtornos nos mecanismos regulatórios do sistema imune, favorecendo o surgimento de doenças alérgicas e autoimunes (Matricardi et alii, 2000; Bach, 2002; Simpson et alii, 2002; Rance et alii, 2003).

Outro aspecto levantado nesses trabalhos é que efeitos benéficos ou prejudiciais de infecções orofecais seriam dependentes da dose e do momento do estímulo. Além disso, um complexo de fatores ambientais e genéticos estariam também envolvidos (Weiss, 2002). Os efeitos benéficos de micro-organismos na maturação do sistema imune ocorreriam principalmente na primeira infância (Bach, 2002; Rance et alii, 2003; Weiss, 2002; Droste et alii, 2000).

O intenso debate sobre a hipótese higiênica e as formulações produzidas acerca das características das doenças alérgicas e autoimunes desafiam as formas usuais de definição das doenças de acordo com seus agentes causais (Antó, 2004; Czeresnia, 2005). A pesquisa etiológica tem se dirigido ao estudo do papel dos micro-organismos, não apenas como causa específica de doença, mas como um fator que pode participar da "programação" da suscetibilidade inicial à doença alérgica (Beasley et alii, 2000). Dependendo da dose, do momento do ciclo vital em que ocorre a exposição e de outras circunstâncias, micro-organismos podem ser elementos que colaboram para a ontogenia de um sistema imune saudável (Czeresnia, 2005).

A origem da doença estaria em uma complexa interação genético-ambiental, que começaria a ocorrer antes mesmo do nascimento (Antó, 2004). O foco da discussão desloca-se do agente irritante especifico que produz uma inflamação para o processo ontogênico que constitui o organismo (Czeresnia, 2005).

A análise de estudos recentes sobre a aterosclerose também evidencia novas formas de abordar o papel dos micro-organismos na origem de doenças. Discute-se a existência de um componente infeccioso na etiologia da aterosclerose. A relação entre infecção e aterosclerose, se existe, é, contudo, complexa (Epstein, 2002). O componente infeccioso da aterosclerose seria relativo a uma "carga patogênica", indicando uma resposta inflamatória sistêmica aumentada por múltiplas infecções e agentes patogênicos (Prasad et alii, 2002). As infecções seriam um dos potenciais fatores iniciantes do processo da aterosclerose (Mayr et alii, 1999).

Mecanismos imunoinflamatórios têm sido crescentemente identificados como um dos processos patogênicos primários envolvidos no desenvolvimento e progressão da aterosclerose. Esses mecanismos estariam implicados nos estágios precoces, subclínicos, do desenvolvimento da doença, e não há uma definição quanto à etapa da vida na qual se iniciariam (Bacon et alii, 2002).

Há uma aparente contradição. A literatura publicada sobre a "hipótese higiênica" formula que o estímulo de micro-organismos exerceria um papel protetor em relação ao desenvolvimento de doenças alérgicas e autoimunes. Os estudos sobre aterosclerose a apontam como doença de possível etiologia infecciosa e autoimune.

Na verdade há uma coerência entre essas hipóteses e achados se consideramos, como alguns estudos propõem, que o papel de micro-organismos intestinais na constituição de um sistema imune saudável seria decorrente do fenômeno denominado tolerância oral. A microflora intestinal teria um papel particular na modificação de respostas imunes, intensificando o desenvolvimento de tolerância a alérgenos. Isso proporcionaria um sinal inicial para direcionar a maturação pós-neonatal do sistema imune e a indução de uma imunidade equilibrada (Zhu et alii, 2001).

Micro-organismos adquiridos durante o período pós-neonatal precoce, e que conformam o microambiente da mucosa intestinal e dos tecidos linfoides adjacentes, seriam importantes para o desenvolvimento da tolerância oral, não apenas a eles mesmos, mas a outros antígenos e autoantígenos (Björkstén, 2004). O desenvolvimento da tolerância oral a antígenos microbianos estaria relacionado à capacidade de o sistema imune desenvolver mecanismos comuns de autotolerância imunológica. Além da predisposição genética, a imaturidade da rede imunorregulatória, associada à tolerância oral e à sensibilização a autoantígenos via intestino no período neonatal, pode contribuir para a patogênese de doenças autoimunes (Xiao; Link, 1997). Cada vez mais, os efeitos imunossupressivos da exposição a antígenos pela mucosa oral têm sido objeto de pesquisa como potencial terapia para doenças autoimunes (Strobel, 2002).

As pesquisas acerca das possibilidades do uso terapêutico do conceito de tolerância oral são incipientes. Os mecanismos moleculares que envolvem as formulações descritas anteriormente sugerem mecanismos complexos, controvertidos e pouco desvendados. Uma questão é se eles incluiriam processos de *trade-off*, ou seja, se mecanismos que envolvem respostas alérgicas poderiam, por exemplo, estar relacionados a um menor risco de desenvolver câncer. Nesse caso, a neutralização de componentes alérgicos do sistema imune poderia conduzir posteriormente à maior ocorrência de câncer ou outras doenças induzidas por mutações (Ewald, 1994).

Considerações finais

Esse intenso debate na literatura médica recente necessita ser mais investigado para além do avanço no esclarecimento dos mecanismos biológicos específicos envolvidos. Há importantes transformações discursivas que instigam o desenvolvimento de pesquisas capazes de integrar campos de conhecimento e práticas hoje fragmentadas. As doenças – infecciosas, alérgicas, autoimunes, neoplásicas – são reconhecidas como tendo um forte componente psicossomático. A questão aqui formulada é incipiente, mas indica um caminho de investigação a percorrer. Permanece o desafio de integrar o psicossoma nas interfaces do corpo.

A partir da análise efetuada é possível observar que, para realizar a articulação entre as informações e questões que estão sendo produzidas, será necessária a elaboração de um novo marco de referência, mais amplo que o que orientou a construção do conceito de organismo e, por consequência, o conceito de doença na modernidade. No contexto das transformações discursivas recentes vislumbra-se a possibilidade de afirmação científica de vertentes do pensamento médico abandonadas no passado. As características de doenças como as alérgicas e autoimunes reclamam explicações que tenham como referência o processo de constituição do organismo, e não a definição de causas específicas de doença (Czeresnia, 2005). No contexto histórico das investigações acerca dessas doenças expressaram-se, desde o início do século XX, pontos de vista que chamaram atenção para as inter-relações entre psique e soma e para a importância da individualidade biológica (Löwy, 2003; Parnes, 2003).

Alguns elementos que indicam uma superação epistemológica foram sinalizados no decorrer do texto, tais como: a mudança da compreensão do papel dos micro-organismos na constituição evolutiva e ontogênica do organismo e na etiologia das doenças; a emergência da descrição de fenômenos biológico-moleculares que ocorrem nas interfaces do corpo; o deslocamento da explicação etiológica de doenças da identificação de agentes causais, que produzem lesões anatômicas relacionadas a sinais e sintomas, para o processo ontogênico

Categoria vida

que constitui o organismo e produz a programação da suscetibilidade à doença (Czeresnia, 2005); o deslocamento da ideia de especificidade para a de modulação. Não importa apenas a especificidade dos mecanismos bioquímicos envolvidos, mas como estes se integram e se harmonizam, de acordo com limiares quantitativos que regulam tempos e intensidades dos processos biológicos.

Cabe destacar a novidade que este debate traz do ponto de vista da possibilidade de integração da alteridade na biomedicina e, por consequência, da construção de representações do corpo biológico. Ele tende a tornar cada vez mais relativa a representação do sistema imune como sistema de defesa. O sistema imune seria um sistema de reconhecimento. E o reconhecimento de si mesmo implicaria o reconhecimento do outro. A constituição de um organismo saudável dependeria, não de evitar o contato com causas ou riscos, mas de saber interagir, harmonizando quantidades, tempos, velocidades e forças.

Capítulo 3
Constituição epidêmica, physis e conhecimento epidemiológico moderno[1]

O pensamento hipocrático, originado na filosofia pré--socrática, foi recorrentemente retomado em sucessivos períodos da história do conhecimento médico e epidemiológico. No contexto de crise da modernidade, o resgate da *physis* e do pensamento pré-socrático apresenta importância maior no sentido de realizar a superação do dualismo que caracteriza a concepção do homem na civilização ocidental.

Constituição epidêmica ou *Katastasis* diz respeito ao modo de compreensão das epidemias na medicina hipocrática e considerada a primeira tentativa de tratar as doenças como fenômeno próprio da natureza. Em termos gerais, a constituição epidêmica relaciona a ocorrência das epidemias a circunstâncias geográfico-atmosféricas. Os textos hipocráticos estabelecem elos entre a natureza dos climas e ventos

---

1 Versão revista e atualizada do artigo "Constituição epidêmica: velho e novo nas teorias e práticas da epidemiologia", *História, Ciências, Saúde--Manguinhos*, Rio de Janeiro, v.8, n.2, p.341-56, 2001.

e a incidência de doenças. A característica mais marcante da medicina hipocrática, porém, é conceber o fenômeno epidêmico como o desequilíbrio de uma harmonia da natureza, apreendida como totalidade.

As explicações que se produziram mais tarde sobre o que seria uma constituição epidêmica, mesmo quando mantinham a marca da articulação geral entre epidemia e condições geográficas, ultrapassavam essa dimensão estrita. Orientadas por derivações da ideia de constituição epidêmica, formularam-se teorias que procuraram explicar as epidemias como processos socionaturais: biológicos, geográficos, históricos, antropológicos etc. Todas essas leituras, embora expressas por configurações discursivas e conceitos estruturalmente distintos, mantiveram a concepção de constituição como totalidade, como conjunto de circunstâncias manifestas por uma multiplicidade de aspectos.

A recorrência do pensamento hipocrático tendeu a ser interpretada a partir de uma perspectiva de continuidade, sem se considerar a radical diferença de racionalidade entre a medicina grega e a medicina moderna. Alguns autores chegam a citar o texto de Hipócrates *De ares, águas e lugares* como uma primeira formulação do conhecimento epidemiológico. Susser, por exemplo, afirmou que

> os trabalhos hipocráticos produziram os primeiros conceitos da epidemiologia. Eles distinguiram meio ambiente, representado pelo ar, água e lugar, do hospedeiro, representado pela constituição individual. Portanto, eles separaram meio ambiente e hospedeiro como fatores que levam a manifestações específicas da doença. (Susser, 1973, p.15)

Nessa afirmação, Susser substituía "ar, água e lugar" do texto hipocrático por sua própria concepção de meio ambiente; e "constituição individual", pelo conceito de hospedeiro, que só viria a surgir após a consolidação da teoria dos germes.

O discurso científico estrutura-se pela elaboração de conceitos. É por meio da análise conceitual que podemos entender a racionalidade de um conhecimento científico (Machado, 1982). Como o texto hipocrático define constituição? Nele estava presente a ideia de especificidade das doenças? Qual a base lógica do conceito de hospedeiro? As inúmeras leituras que desconsideram a descontinuidade radical da epidemiologia moderna com relação ao pensamento hipocrático são superficiais e ingênuas. Considerando-se que a ideia de constituição epidêmica não significou sempre a mesma coisa, qual a importância de sua recorrência histórica? Se não se trata de ler o passado segundo a lógica do presente, por que valorizar a vitalidade do pensamento hipocrático, capaz de inspirar tantos "neo-hipocratismos"?

A força desse pensamento certamente tem raízes mais profundas do que fazem crer as superficiais leituras continuístas. Para entender que aspectos da concepção de medicina grega mantiveram-se vivos, é necessário compreender a base filosófica que a origina.

Filosofia pré-socrática, physis *e origem do pensamento hipocrático*

Não é por acaso que tenha surgido na Grécia as primeiras tentativas de se construir uma explicação racional para as doenças, concebendo-as como frutos de desequilíbrios na própria natureza. Essa característica da medicina grega é coerente com a afirmativa mais ampla de que foi justamente na Grécia que se instaurou um tipo de comportamento humano mais acentuadamente racional. Segundo Bornheim (1997), os gregos, diante do real, não se restringiram a uma atividade prática ou religiosa. Assumiram também um comportamento propriamente filosófico e desenvolveram uma autonomia acentuada da postura racional. Essa autonomia não negava o pensamento religioso. Ao contrário, a própria característica da religião, na Grécia, condicionava esse comportamento, pois os deuses gregos não eram entidades sobrenaturais, mas sim partes integrantes da natureza. A atividade racional afirmou-se com intensidade crescente na Grécia, tendo atingido, com a filosofia pré-socrática, um primeiro momento de maturidade.

O berço da medicina grega foi esse pensamento filosófico que teve origem em suas colônias, nos séculos VI e V a.C. Foi em correspondência à ideia de *physis* que se formulou a concepção de corpo e de doença da medicina hipocrática.

A palavra *physis* significa produzir, crescer, desenvolver-se, "indica aquilo que por si brota, se abre, emerge, o desabrochar que surge de si próprio e se manifesta neste desdobramento, pondo-se no manifesto" (Bornheim, 1997, p.12). O conceito de *physis* compreendia a totalidade de tudo aquilo que é. Dela provinha tudo "o que era, o que é e o que será" – sol, terra, astros, árvores, homens, animais e os próprios deuses. O acontecer humano também fazia parte da *physis*, por seus elementos. "Os homens pensam, alegram-se e entristecem-se", por exemplo. Não havia contraposição entre natural, psíquico e social, pois todas essas dimensões pertenceriam à *physis*, até mesmo os deuses. Não havia distinção entre natureza animada e inanimada. Na *physis* atuava um princípio inteligente, reconhecido como espírito, pensamento ou logos.

Os elementos que compunham a *physis* formariam harmonicamente todas as coisas, por meio de forças vivas de reunião (amor) e de dispersão (discórdia). A harmonia e o equilíbrio constituintes da natureza seriam resultados da coexistência dessas forças paradoxais que tenderiam, uma, à agregação, e outra, à desagregação; uma, à separação, e outra, à indiferenciação. Não seria portanto o homem que conseguiria unificar o que está disperso, a partir de um processo lógico. Mesmo reconhecendo a distinção entre homem e mundo, a relação entre eles foi pensada sem distanciá-los e dissociá-los um do outro. O mundo era apreendido como uma totalidade que não o homem, prescindindo-se das dualidades corpo e alma, mundo inteligível e mundo sensível, razão e emoção. Para ser compreendida, a natureza deveria ser apreendida. O homem poderia observá-la e contemplá-la, mas não dominá-la (Bohadana, 1988).

À *physis* corresponde o saber do ente em sua totalidade, pois

> pensar o todo do real a partir da *physis* não implica "naturalizar" todos os entes ou restringir-se a este ou aquele ente natural. Pensar o todo do real a partir da *physis* é pensar a partir daquilo que determina a realidade e a totalidade do ente. (Bornheim, 1997, p.14)

A *physis* não pode ser interpretada como uma espécie de naturalismo que corresponderia a uma ideia de natureza tal como aquela que constituía o objeto das ciências da natureza, pensada como algo que pode ser dominado e canalizado pelo homem, em termos de técnica. A concepção de natureza que prevaleceu na emergência das ciências naturais, a partir dos séculos XVI e XVII, era radicalmente distinta e muito mais restrita, conformando a experiência de natureza do homem moderno de modo muito diferente daquele permitido pelo conceito de *physis*.

O interesse pelo pensamento pré-socrático tornou-se crescente e ganhou uma intensidade especial no contexto da crise da modernidade, quando se ampliaram as interrogações quanto à lógica da ciência moderna. A redescoberta da filosofia pré-socrática situou os critérios de sua interpretação em novas bases. Esse movimento trouxe também, e consequentemente, novos elementos para a interpretação da ideia de constituição em epidemiologia. A importância da filosofia pré-socrática no pensamento dos médicos que constituíram o

Corpus hippocraticum [Coleção hipocrática] já foi destacada por Laín Entralgo (1982), que cita o pensamento de Alcmeón, o médico de Crotona, como uma das expressões mais claras de uma ideia *physiologica* da medicina.

> Alcmeón afirma que a saúde sustenta-se pelo equilíbrio das forças (*isonomia tõn dynámeõn*): o úmido e o seco, o frio e o quente, o amargo e o doce, e as demais. O predomínio (*monarkhía*) de uma delas é causa de doença. Pois tal predomínio de uma das duas é pernicioso. A doença sobrevém, no tocante à sua causa, como consequência de um excesso de calor ou de frio; no que concerne a seu motivo, por um excesso ou defeito na alimentação; porém, no que diz respeito à localização, tem seu lugar no sangue, na medula (*myelós*, no sentido primitivo de "parte branda contida dentro de um tubo duro") ou no encéfalo (*enképhalos*). Às vezes se originam as enfermidades por obra de causas externas: uma consequência da peculiaridade da água ou da comarca, ou por esforços excessivos, "forçosidade" (*anánké*) ou causas análogas. A saúde, pelo contrário, consiste na mescla bem proporcionada das qualidades. (Laín Entralgo, 1982, p.33-4)

A doença, aqui, não era mais concebida como castigo, mas como ruptura do equilíbrio da natureza. Distinguia-se, no conhecimento racional da doença, a causa externa, a causa próxima e a localização do agravo. Além de destreza prática, a *téckne* do médico seria uma observação metódica, um sistema conceitual, uma *physiologia* aplicada.

Essa é a característica básica que orienta a obra de Hipócrates e dos outros autores do *Corpus hippocraticum*. Na concepção hipocrática, o corpo humano e tudo aquilo que o circunda – que, em conjunto, constituem a *physis* – eram pensados por meio da composição dos elementos ar, terra, água e fogo, e pelas qualidades de frio, quente, seco e úmido. Corpo e espaço eram compreendidos a partir desses elementos e qualidades.

Categoria vida

A constituição do corpo se alteraria de modo integrado às mudanças que ocorrem na constituição da natureza. Era com essa fundamentação que, por exemplo, o tratado *De Ares, águas e lugares* descrevia a influência das mudanças sazonais, dos climas e dos ventos sobre o corpo humano e suas doenças.

> Trata-se de observações com a ajuda das quais podemos julgar o que será o ano, seja nocivo à saúde, seja salubre. Se nenhum desarranjo se mostra nos signos que acompanham o pôr e o nascer dos astros, se as chuvas caem durante o outono, se o inverno é moderado, nem suave demais, nem excessivamente frio, se na primavera e no verão as chuvas são conforme a ordem destas duas estações, naturalmente um tal ano será muito saudável. Ao contrário, quando a um inverno seco e boreal sucede uma primavera chuvosa e austral, o verão produz necessariamente febres, oftalmias e disenterias. (Hipócrates, 1840, p.43)

As estações do ano possuíam qualidades que lhes eram características. Sob a influência dessas qualidades, os humores corporais iriam variar em composição, favorecendo ou não o aparecimento de determinadas doenças. Era possível conhecer as mudanças que iriam ocorrer e como elas poderiam transformar o corpo, ao modificar a quantidade e a qualidade de seus humores. Mas não era possível intervir no sentido de alterar essas predisposições, podendo-se apenas tentar evitar certas circunstâncias (Miller, 1962).

Racionalidade moderna e desconexão entre corpo e espaço

Apenas a partir do século XVI, teve início uma radical mudança na forma de se compreender o que é o conhecimento. Isso inspirou as primeiras tentativas de modificar a medicina, transformando-a de contemplativa em operativa. Ainda no

Renascimento, tanto os seres quanto as coisas eram percebidos como uma continuidade, assemelhando-se em movimentos, influências e propriedades. A ordem do ser vivo não era distinguida daquela que reinava no universo. A proximidade e a vizinhança, por exemplo, indicavam afinidades entre animais, plantas, homem, céu, terra, mar etc. O conhecimento da realidade humana, na época, configurava-se por meio de sistemas de semelhanças, analogias, similitudes e assinalações (Foucault, 1995).

No século XVII, ocorreu efetivamente uma ruptura no modo de produzir o saber no mundo ocidental, modificando-se profundamente a relação do pensamento com a cultura. O conhecimento seria identificado com valores que iriam se constituir no método e na racionalidade científica moderna: análise, clareza, precisão, distinção, transparência, neutralidade, certeza ou probabilidade. O saber separou-se dos seres; distanciou-se, dissociou-se e fragmentou-se para viabilizar o método analítico. Foi nesse contexto que se aprofundaram as dualidades que caracterizam o pensamento ocidental e o processo de construção de conceitos e categorias que iriam contribuir para uma progressiva desconexão entre corpo e espaço.

A natureza, na compreensão moderna, ao contrário da ideia de *physis*, seria algo que se separa do homem. No processo de construção das ciências e das técnicas, conformaram-se modelos, representações de mundo e relações de causa e efeito em que as categorias corpo, espaço e tempo foram concebidas de forma dissociada, compondo uma realidade fragmentada. Produziu-se, tanto no plano do conhecimento como no da vida cultural e social, uma cisão entre corpo e espaço. Um aspecto dessa desconexão expressou-se justamente através dos conceitos das diferentes ciências que buscaram, por meio de uma racionalidade própria, definir o que é corpo e o que é espaço.

Foi sobretudo a partir do século XVII que proliferaram, em várias línguas, diversas derivações do vocábulo "órgão":

organização, organizado, orgânico e organismo. A emergência desses termos nas línguas latina, francesa e inglesa era um indício da tentativa de elaboração de uma nova concepção de vida. O corpo passou a ser compreendido a partir de uma ordem de relações, de um mecanismo (Canguilhem, 1977, p.112). Conhecer o corpo tornou-se desvendar seu funcionamento, comparável ao das coisas construídas pelo homem. A ordem do ser vivo foi concebida como a organização da máquina e passou a ser pensada segundo as leis da mecânica. Foi nesse período que Harvey, analisando o coração como uma bomba hidráulica, em termos de volume e fluxo, descreveu o funcionamento da circulação sanguínea (Jacob, 1983, p.41).

A proposição de Harvey interferiu de modo determinante na representação do homem no espaço. O movimento da circulação do sangue inspirou ideias sobre a livre locomoção dos homens e das mercadorias. As representações do corpo em movimento preconizavam outra característica muito importante do processo civilizatório moderno: a progressiva diminuição da experiência sensorial. O desejo da livre locomoção triunfou sobre "os clamores sensoriais do espaço através do qual o corpo se move, pois o deslocamento ajuda a dessensibilizar o corpo" (Sennett, 1997, p.214).

Esse foi o início de um processo que modificou radicalmente a representação do corpo, e, consequentemente, do espaço. No século XIX, essa transformação consolidou-se, com a emergência dos discursos científicos na biologia, nas ciências humanas e sociais. Mas foi com o alvorecer da modernidade e com o advento do capitalismo que o conhecimento passou a se orientar por valores que iriam construir uma nova compreensão do corpo. Esta não apenas contribuiria para a importante transformação social e cultural que significou o nascimento do individualismo, como também favoreceu as profundas mudanças na construção e na organização urbanas, em toda a sociedade ocidental (idem).

Na época, o pensamento mecanicista tentava desvendar o funcionamento orgânico do corpo como um objeto da mecânica. Ao mesmo tempo, surgiu a ideia do homem público e, consequentemente, do espaço público. A natureza não era mais compreendida da mesma forma que na *physis*, como algo que se distinguia, mas não se separava do homem. Os conceitos de orgânico e de público emergiram, diferenciando o mundo e a natureza – que correspondiam à terra e ao espaço de movimento e de condição da vida orgânica – do mundo que é produzido pelo homem. O mundo público interpôs-se entre os que nele habitavam em comum, separando e ao mesmo tempo estabelecendo uma relação entre os homens (Arendt, 1987, p.62). Porém, ele era um artefato humano. O mundo "natural" também seria o espaço de encontro e separação entre seres, mas ambos corresponderiam a elementos materiais: físicos, químicos e orgânicos. O mundo natural equivaleria à natureza e estaria dissociado do social, que corresponderia ao artifício.

Foi com base na nova ordenação do espaço que se estruturaram, posteriormente, as ideias de saúde pública, higiene e medicina social. Por um lado, a ideia de espaço público deu origem ao desenvolvimento posterior de categorias e conceitos das ciências humanas e sociais, no século XIX. Por outro lado, a construção de conceitos na física e na química condicionou as primeiras formulações sobre o funcionamento do corpo humano, como os mecanismos de circulação e digestão.

Ao mesmo tempo, a compreensão da doença como desequilíbrio de humores e de qualidades permaneceu a mesma, no pensamento médico, até o século XVIII. Mas as representações do corpo doente já eram muito distintas, ancorando-se cada vez mais em uma concepção mecanicista. Nesse período, construíram-se as condições de possibilidade para a radical transformação da medicina, que ocorreria a partir do final do século XVIII, viabilizando um discurso de estrutura científica sobre o indivíduo (Foucault, 1987b). Na mesma época, surgiram o conceito de organismo e a biologia, como disciplina científica, transformando ainda mais radicalmente a representação dos seres vivos no espaço (Jacob, 1983).

Teoria da constituição epidêmica

De modo concomitante e contraditório com relação ao processo que se instaurou com o desenvolvimento da racionalidade científica moderna, ocorreu, entre os séculos XVII e XVIII, uma importante reinterpretação dos textos hipocráticos. No século XVII, Sydenham (apud Winslow, 1967, p.164-9) formulou a teoria da constituição epidêmica, retomada sob outro discurso. A constituição epidêmica era considerada peculiar a um certo intervalo de tempo (o ano), influenciando o caráter de todas as epidemias que ocorressem naquele período e determinando suas características e sintomas. Uma epidemia específica resultaria da interação entre as qualidades físicas da atmosfera (sazonais) e as influências ocultas, provenientes "dos intestinos da terra", que atuavam especificamente naquele intervalo de tempo. As doenças

> geralmente surgem de alguma desordem peculiar de corpos particulares, por meio da qual o sangue e os humores estão de algum modo viciados, ainda que, algumas vezes, elas procedam mediatamente de alguma causa geral no ar que, por suas qualidades manifestas, assim, determinam o corpo humano, até causarem certas desordens do sangue e humores, que provam as causas imediatas de tais intercorrentes epidêmicos.

Percebia-se a epidemia como proveniente de um conjunto de circunstâncias, uma multiplicidade que se ampliava em uma rede complexa de acontecimentos que só poderiam ser compreendidos em cada caso particular. O registro da constituição epidêmica ocorreu por meio de uma totalização que assumiu "as dimensões de uma história, de uma geografia, de um Estado" (Foucault, 1987b, p.32). Nesse caso, o específico seria a singularidade de cada constituição, e não a doença. Os valores que iriam se destacar na racionalidade científica moderna enfatizavam a necessidade de precisar e localizar causas específicas capazes de gerar a produção de intervenções generalizáveis. A ideia de constituição epidêmica, ao contrário, enfatizava a unidade e a totalidade do evento singular, o que acarretaria intervenções não generalizáveis.

A formulação da teoria miasmática, que se consolidou a partir do século XVII, iria se manifestar, no entanto, por uma interpretação de mundo radicalmente distinta da medicina grega. A teoria da constituição epidêmica centrava-se sobre os fenômenos atmosféricos, recuperando o estudo das mudanças das estações, dos ventos etc. e sua influência sobre o corpo humano e a ocorrência de doenças. Mas, no século XVIII, pensava-se que o era ar composto de partículas que constituiriam elementos químicos. O miasma seria concebido como substância química, embora não estivessem estabelecidas as relações entre esses elementos e as ainda então denominadas emanações que corrompiam a atmosfera. Não se pôde especificar a natureza química dos miasmas. Nesse período, a cosmovisão ambiental sustentava-se com explicações imprecisas que conviviam com uma ciência experimental ainda incipiente (Killinger, 1997).

Além das características materiais do espaço, o estudo da constituição epidêmica iria se aproximar dos aspectos geográficos, históricos e sociológicos, especialmente com o desenvolvimento do higienismo, a partir da primeira metade do século XIX. No período considerado, a dicotomia entre ciências naturais e sociais era um processo em andamento, mas ainda não completado. Dualidades como natureza/cultura, natureza/artifício, corpo/alma, biologia/sociedade, sujeito/objeto,

Categoria vida

já enunciadas no pensamento filosófico grego pós-socrático, iriam se tornar manifestas por meio de conceitos que iriam configurar as ciências naturais, a partir do século XVII, e a biologia, as ciências humanas e sociais, a partir do século XIX. O higienismo corresponde à pré-história das ciências humanas modernas. Em seu interior, já incipientemente separados, natural e social eram ainda trabalhados em conjunto. O higienismo apreendeu tanto a influência do meio natural quanto a do meio social no desenvolvimento das doenças.

A tradição higienista é extremamente importante para a história não só da epidemiologia, mas também da geografia, da ecologia e de outras ciências sociais (Urteaga, 1980). Prática já fundada no contexto da racionalidade científica moderna, essa tradição apreendia a realidade integrando a esfera do natural e do orgânico à esfera do espaço público emergente (Ayres, 1995). O movimento da higiene pública analisou as condições de vida dos trabalhadores, relacionando-as com a origem das doenças. As articulações entre miséria social e doença tornaram-se um centro de interesse e de estudo na medicina. Sob o impacto do processo da revolução industrial, estudos da época apontavam, além das influências climáticas e sazonais, a falta de salubridade e as condições de vida e trabalho nas cidades industriais como responsáveis pela ocorrência de constituições epidêmicas.

O movimento higienista foi simultâneo ao processo de amadurecimento de conccitos que iriam caracterizar a emergência da biologia e das ciências sociais no século XIX. Quando essa construção se consolidou, a tradição higienista, então no apogeu, perdeu força e decaiu. Ao se aprofundarem as dualidades que caracterizariam o pensamento ocidental, o conhecimento progressivamente passou a se orientar no sentido da especialização, da redução e da fragmentação.

Conceito de transmissão, bacteriologia: causa versus constituição

No século XIX, ocorreu a transformação radical na medicina que iria configurar o nascimento da clínica. Conhecer a doença passou a ser desvendar processos orgânicos que se produziam no espaço corporal e que possuíam determinações causais. A doença foi identificada como lesão em um órgão (Foucault, 1987b). A mesma caracterização marcou também uma nova forma de apreender a propagação das doenças epidêmicas, possibilitando a emergência de um novo conceito: o de transmissão. Foi a partir da preocupação de descobrir as lesões anatômicas específicas associadas às manifestações sintomáticas e aos sinais das doenças que se procurou desvendar a natureza específica da causa que as determinavam e a via também específica através da qual ela atingia o organismo, provocando uma patologia inflamatória.

Essa descontinuidade discursiva possibilitou a hegemonia do ponto de vista específico e instrumental que definiu a medicina moderna. Os valores da racionalidade científica haviam surgido já no Renascimento, mas só se tornaram efetivos a partir desse período. O discurso epidemiológico deslocou-se da concepção integrada contida na teoria da constituição epidêmica para uma concepção ontológica dos princípios que engendram o processo da doença e da epidemia. A própria ideia de constituição epidêmica também iria sofrer transformações consequentes das mudanças no discurso científico. A racionalidade que se tornou dominante iria impregnar o discurso de seus defensores, que também buscariam encontrar vínculos com a patologia para explicar as relações entre miasma e lesões anatômicas específicas. Virchow (1985, p.299), por exemplo, pretendia explicar as manifestações fisiopatológicas do tifo pela ação de um miasma que seria uma substância química volátil específica. Ela surgiria pela decomposição de substâncias, em virtude da insalubridade e de precárias condições de vida, agravadas por determinadas condições climáticas.

Esse é um exemplo importante da tentativa de encontrar uma explicação que integrasse o conjunto das circunstâncias da vida à ideia de especificidade da doença, que inexoravelmente tornava-se hegemônica. Mas o exemplo evidencia também como o discurso científico da epidemiologia estaria marcado pela permanência dos saberes contidos na ideia de constituição epidêmica. Esses saberes, mesmo submetidos e transformados, iriam instigar vários personagens e vertentes de pensamento no decorrer da história.

Não há dúvida sobre o quanto o desenvolvimento da bacteriologia interferiu na medicina e, além disso, modificou ainda mais as representações do mundo vivo, do corpo e das relações entre os homens e a natureza. Com esse processo, aprofundou-se a descontinuidade que configurou o discurso médico no contexto de uma progressiva fragmentação da apreensão do corpo.

Mesmo assim, com relação a essas tendências hegemônicas, observou-se, no início do século XX, o crescimento de uma perspectiva crítica diante de explicações mecanicistas e análises morfológicas e funcionais redutoras. A proposta de uma abordagem holística surgiu entre médicos, fisiologistas e patologistas (Grmek, 1995), afirmando-se também entre os epidemiologistas da época. Eles questionaram incisivamente o lugar que a bacteriologia assumiu na construção do conhecimento epidemiológico e na delimitação do campo disciplinar. Com esse objetivo, um grupo de epidemiologistas da Inglaterra, liderado por Crookshank e Hamer, resgatou justamente o pensamento de Sydenham e sua velha teoria da constituição epidêmica. Os sucessos pragmáticos da biologia e da medicina não conseguiram neutralizar as concepções de que a doença decorria de um desequilíbrio da integração entre constituição do corpo e meio ambiente.

No processo de estruturação da epidemiologia como disciplina, Crookshank (1920) e Hamer (1928) procuraram precisar o termo constituição epidêmica. Usaram os conceitos de potencial epidêmico e de onda epidêmica, realizaram estudos estatísticos das leis da epidemicidade da *influenza* e tentaram descrever o movimento espacial e temporal das epidemias. Estiveram envolvidos – juntamente com outros, como Ross, Browlee, Topley e Greenwood – na elaboração de formas precisas de objetivação da dinâmica populacional das doenças transmissíveis.

Mesmo assim, eles participaram de acirrados debates nos quais contrapuseram-se à ideia de especificidade das doenças e sobretudo das epidemias. Os germes isolados nos laboratórios bacteriológicos, do ponto de vista desses autores, eram muito mais "consequências do que causas dos fenômenos epidêmicos". Eles denunciavam que as explicações fornecidas pela bacteriologia eram estreitas e incapazes de compreender o processo epidêmico em sua integridade. Retomaram, com o uso do termo constituição epidêmica, a perspectiva de estudar a epidemia como unidade singular. Além disso, ao recuperar uma teoria que era anterior ao amadurecimento do processo de estruturação das ciências humanas e da vida e da consequente fragmentação do conhecimento, Crookshank e Hamer reivindicaram a necessidade de resgatar os elos entre natureza e cultura, entre biológico e social.

O termo constituição epidêmica não define um conceito, mas designa uma ocorrência em sua singularidade, sendo, portanto, passível de assumir significados diferentes segundo as inúmeras opções de conceituação. Essas opções estavam em consonância com o conhecimento de cada época. Na concepção hipocrática original, como vimos, a constituição era compreendida como equilíbrio (ou desequilíbrio) entre elementos – ar, água, terra, fogo – e qualidades – frio, quente, seco e úmido. No século XVIII, predominavam a percepção olfativa, a ênfase

Categoria vida

nos miasmas e nos fenômenos atmosféricos. O ar, contudo, era pensado como um composto de substâncias químicas. Ao lado disso, a concepção de constituição epidêmica iria se aproximar também de aspectos geográficos, históricos e sociológicos característicos do pensamento higienista. Após o desenvolvimento da teoria dos germes e da bacteriologia, as tentativas de resgatar uma abordagem sintética estariam inevitavelmente marcadas pela ideia de transmissão de agentes microbiológicos específicos e pelos conceitos que lhe sucederam, como portador, hospedeiro, resistência e imunidade. Vinculadas a esses conceitos, foram construídas representações de corpo que, como já analisamos, tenderam progressivamente a desconectar e a dessensibilizar as relações entre corpo e espaço.

Geografia médica

A lógica do pensamento hipocrático está presente também nas sucessivas formulações teóricas – especialmente as da vertente chamada geografia médica – que preservaram a intenção de atingir uma abordagem integrada e globalizante. Esse é o caso da teoria dos focos naturais, de Pavlovski (19--?), assim como do conceito de território nosogênico, elaborado pelo seguidor de Pavlovski, Sinnecker (1971). Este, da mesma forma que Rosicky (1967), ampliou a concepção de Pavlovsky ao estudar a influência humana na transformação histórica das paisagens geográficas em que se desenvolvem focos naturais (Czeresnia; Ribeiro, 2000).

Essa mesma cosmologia afirma-se também no conceito de complexo patogênico, de Max Sorre, que buscou levar em conta, além da dimensão ecológica, o conjunto da organização social humana, em seus aspectos materiais e espirituais. Samuel Pessoa, que formou no Brasil uma escola de estudos no contexto da chamada medicina tropical, inspirou-se nesses autores, afirmando a necessidade de resgatar a velha tradição hipocrática. Estudos posteriores realizados no Brasil e na América Latina (Silva, 1997; Sabroza et alii, 1992; Barreto, 1982; Breilh, 1983; Barata, 1988) também valorizaram a mesma herança, utilizando porém novos desenvolvimentos teóricos. Os conceitos geográficos propostos por Milton Santos, por exemplo, constituíram importante referência para compreender a complexidade das relações entre espaço e produção de doenças (Czeresnia; Ribeiro, 2000).

Esses são alguns dos inúmeros exemplos que podem ser interpretados como portadores de inspiração hipocrática. Considerando as contradições impostas pelos limites do discurso científico possível, podemos compreender a persistência recorrente de derivações da ideia de constituição epidêmica como uma tentativa de preservar valores que se tornaram ainda mais evidentes, ganhando novos sentidos no contexto da crise contemporânea do pensamento moderno.

Resgate da physis

A crise do mundo contemporâneo põe em xeque os valores que constituíram a racionalidade moderna: a concepção de que existe um mundo objetivo, independente dos sujeitos, passível de ser conhecido e dominado pela razão; a construção de um conhecimento sistemático fundado na observação e na experimentação, no desvelamento das leis que determinam o movimento da natureza (Vaitsman, 1995); a instituição do método analítico que, pelo distanciamento, a dissociação e a fragmentação, viabiliza a construção de um conhecimento certo, objetivo, claro, preciso e neutro.

Uma das consequências das interrogações levantadas quanto à lógica da ciência moderna foi a redescoberta da

Categoria vida

filosofia pré-socrática. Revaloriza-se o resgate de um saber contemplativo, que não se baseia na separação e na fragmentação do conhecimento. Retoma-se como valor uma concepção de natureza que não se dissocie da construção humana. Questionam-se as dualidades como corpo e alma, razão e emoção, sujeito e objeto, natureza e cultura. A reivindicação de uma concepção da realidade que seja ao mesmo tempo natural e sociocultural apresentou-se nas duas últimas décadas como construção de nova *episteme* que consiga integrar ciências naturais e humanas. Sob novas bases, retoma-se o espírito sintético e compreensivo da *physis*.

A recorrência histórica do pensamento hipocrático na medicina – especificamente a ideia de constituição epidêmica na epidemiologia – é uma fascinante evidência da importância da *physis* e de seu resgate frente às questões do mundo contemporâneo. Ela expressa como o novo está enraizado no velho, ou seja, que a construção do futuro roga pela compreensão e pela desconstrução das opções do passado e que a emergência do novo vincula-se à elaboração do antigo.

Apesar do vigor da medicina hipocrática, as sabedorias tradicionais não suplantaram opções incrustadas no pensamento ocidental desde o seu nascimento. Por mais que saberes derivados da teoria da constituição epidêmica clamem pela superação das dicotomias, eles não dissolveram a formação dual da concepção do homem moderno. O resgate da *physis* e da filosofia pré-socrática deve ser radicalizado e mais bem trabalhado no mundo contemporâneo.

Capítulo 4
Canguilhem e o caráter filosófico das ciências da vida[1]

O conceito de normatividade vital de Georges Canguilhem é crucial para um melhor entendimento da relação entre ciência e filosofia. Ao apontar um problema fundamental do conhecimento biológico, indica a necessidade de uma transformação dessa relação e, consequentemente, da própria ciência da vida.

Os problemas relativos ao conhecimento biológico estão vinculados a importantes questões dos modelos de assistência à saúde. Do ponto de vista epistemológico, a grande interrogação é a dualidade que separa corpo e mente, psíquico e somático, e que não corresponde à experiência concreta da saúde e da doença. Do ponto de vista das práticas de saúde, essa dualidade se reflete na persistência de um modelo técnico que também dissocia assistência e realidades sociais,

---

1 Versão revista do artigo "Canguilhem e o caráter filosófico das ciências da vida", *Physis: Revista de Saúde Coletiva*, Rio de Janeiro, v.20, n.3, 2010, p.709-27.

culturais e afetivas. Predomina a perspectiva que favorece intervenções tecnológicas avançadas, mas pobres do ponto de vista afetivo.

Questionam-se a racionalidade e a sustentabilidade desse modelo. O discurso da promoção da saúde problematiza a noção de saúde e propõe, de diferentes maneiras e perspectivas, a inversão das prioridades e investimentos em saúde. Porém, por mais que a lógica orientadora da organização sanitária esteja em xeque, paradoxalmente, a dinâmica de financiamento e estruturação do campo da saúde alimenta cada vez mais uma engrenagem que conduz à geração de novas demandas curativo-preventivas, crescente e incontrolavelmente insustentáveis.

Recursos de outra ordem precisam, com premência, ser investidos para reverter essa tendência. Ao mesmo tempo, o esforço para alcançá-los parece ser remar contra uma corrente muito mais poderosa. O modelo científico da biomedicina, apesar das graves contradições que gera, apresenta a força de ser operativo, instrumental, utilitário.

Nesse contexto, é decisivo rever a relação entre ciência e filosofia. A relação com o conhecimento precisaria ser transformada para dar espaço a outras formas de expressão da realidade humana na estruturação das práticas de saúde (Czeresnia, 2003). Para além disso, a própria concepção do que é o corpo poderia ser reconstituída através dessa reflexão. O corpo é descrito por diferentes disciplinas cientificas, mas uma delas é hegemônica no campo da saúde: a biologia.

Canguilhem destaca uma propriedade filosófica radicalmente importante para a perspectiva de transformação das ciências da vida. Ele elabora uma filosofia das ciências da vida mediada por uma filosofia da vida e, ao fazer isso, assume que o caráter de veracidade do conhecimento sobre a vida deve ter como referência a vida em sua realização, a vida como acontecimento. Essa reflexão de Canguilhem questiona a base do

Categoria vida

conhecimento biológico e aponta para o núcleo de seus desafios mais importantes.

A filosofia de Canguilhem seria uma epistemologia, uma investigação sobre procedimentos de produção do conhecimento científico, uma avaliação de sua racionalidade, uma análise de cientificidade. Seguindo Bachelard, Canguilhem propõe uma epistemologia regional que procura explicitar fundamentos de um setor particular do conhecimento, no caso, as ciências da vida. Canguilhem exerce seu projeto epistemológico pela reflexão sobre a história dessas ciências. Ou seja, a característica essencial do projeto epistemológico de Canguilhem é a relação intrínseca entre a epistemologia e a história das ciências (Machado, 1982).

A ciência é uma produção cultural, um objeto construído. É um conjunto de proposições articuladas sistematicamente, um tipo específico de discurso que tem a pretensão de verdade. É a questão da verdade que determina a originalidade das ciências com relação a outras manifestações culturais. Ainda de acordo com Bachelard, Canguilhem entende que a história das ciências é uma história conceitual, pois é a formação dos conceitos que expressa a racionalidade de uma ciência. Para entender a ciência, Canguilhem privilegia a análise da formação dos conceitos (Machado, 1982).

Machado (1982) diferencia a filosofia das ciências da vida, elaborada por Canguilhem, de uma filosofia da vida. Segundo ele, a reflexão de Canguilhem não tem pretensão de elaborar uma filosofia da vida capaz de propor uma "biologia de filósofo", com o objetivo de defender teses filosóficas sobre a vida, a existência, o homem. Ela contém uma reflexão sobre a vida, mas que é exercida de maneira indireta, mediante a análise da racionalidade das ciências que a constituem como objeto e não anulando a operacionalidade que caracteriza tais ciências.

O argumento a ser defendido é que a força da reflexão filosófica que Canguilhem elabora – ao afirmar que valor é

67

uma propriedade irredutível da vida – é maior e necessita ser recuperada. O próprio autor atesta a importância da mediação da filosofia da vida na epistemologia que constrói ao mostrar como a filosofia pode intervir na formulação de uma problemática histórica, a problemática que visa a biologia. "[...] a função própria da filosofia é a de complicar a existência do homem, inclusive a existência do historiador das ciências" (Canguilhem, 1977a, p.122).

Essa particularidade do pensamento de Canguilhem é aqui abordada. Defende-se que ele ultrapassa uma epistemologia apenas preocupada com a cientificidade do discurso e apresenta uma questão essencial à transformação não apenas das ciências da vida, mas da relação entre ciência e filosofia.

Normatividade vital

Central na obra de Canguilhem, o conceito de normatividade vital, proposto na tese *O normal e o patológico* em 1943, configura-se a partir da análise que o filósofo faz da ambiguidade no uso do termo normal. "Normal" designa aquilo que é como deve ser, e o que é mais frequente, ou constitui a média ou o módulo de uma característica mensurável. Denota "ao mesmo tempo um fato e um valor atribuído a esse fato por aquele que fala, em virtude de um julgamento de apreciação que ele adota" (Canguilhem, 1995, p.95). Em medicina, por analogia, expressa "ao mesmo tempo o estado habitual dos órgãos e seu estado ideal, já que o restabelecimento desse estado habitual é o objeto usual da terapêutica" (Canguilhem, 1995, p.96). Ele afirma que, na medicina, o sentido de apreciação de um estado, ou seja, o sentido de valoração por um interessado, é irredutível e ligado a uma circunstância vital:

Achamos que a medicina existe como arte da vida porque o vivente humano considera, ele próprio, como patológicos – e devendo portanto serem evitados ou corrigidos – certos estados ou comportamentos que, em relação à polaridade dinâmica da vida, são apreendidos sob forma de valores negativos. Achamos que, desta forma, o vivente humano prolonga, de modo mais ou menos lúcido, um efeito espontâneo, próprio da vida, para lutar contra aquilo que constitui um obstáculo a sua manutenção e a seu desenvolvimento tomado como normas. (idem)

Portanto, valor não seria um atributo apenas humano:

[...] para um ser vivo, o fato de reagir por uma doença a uma lesão, a uma infestação, a uma anarquia funcional, traduz um fato fundamental: é que a vida não é indiferente às condições nas quais ela é possível, que a vida é polaridade e, por isso mesmo, posição inconsciente de valor, em resumo que a vida é, de fato, uma atividade normativa. Em filosofia, entende-se por normativo qualquer julgamento que aprecie ou qualifique um fato em relação a uma norma, mas essa forma de julgamento está subordinada, no fundo, àquele que institui as normas. No pleno sentido da palavra, normativo é o que institui as normas. E é neste sentido que propomos falar sobre uma normatividade biológica. (idem)

A capacidade normativa medeia a possibilidade de o ser vivo, em tensão com o meio, criar uma nova ordem fisiológica ou patológica. O vivo apresentaria uma posição inconsciente de valor ao exercer seu mais básico metabolismo como as funções de assimilação e excreção. Essa característica é que demarcaria a especificidade das ciências da vida em relação às ciências da natureza – a física e a química. A normatividade vital se apresenta como um dado que a ciência da vida não pode desconsiderar ao perseguir seu caráter de veracidade e sua vocação operacional. Esse é o grande problema que ressalta a tensão entre ciência e filosofia na epistemologia de Canguilhem.

O texto "O problema da normalidade na história do pensamento biológico" (Canguilhem, 1977b) explicita a ideia do valor irredutível quando se trata de abordar a condição de auto-conservação da vida, a qual se apresenta como acontecimento que impõe uma base de conservação temática no decorrer da constituição histórica da biologia.

> A biologia não seria uma ciência como as outras, e a história da biologia devia ressentir-se deste fato, na sua problemática e no modo como é escrita. Pois o suposto princípio de conservação temática na história da biologia talvez não passe da expressão da submissão, que assume diferentes formas, do biólogo a este *dado* da vida, verificável em qualquer ser vivo, que é a autoconservação por autorregulação. (Canguilhem, 1977, p.109)

O ser vivo não pode ser igualado a um objeto da mecânica. Os projetos de equiparar os seres vivos a uma máquina foram insuficientes e, mesmo no pensamento dos defensores mais radicais dessa perspectiva, a análise do autor encontrou contradições em que, de alguma maneira, o recurso à ideia de normalidade foi necessário (Canguilhem, 1977).

O ser vivo seria dotado de uma qualidade incomparável na natureza. Sua condição de preservação por meio de transformações adaptativas se realiza mediante alguma espécie de "discernimento". Não haveria qualquer possibilidade de explicar o ser vivo prescindindo da noção de valor. Canguilhem utiliza esse argumento para dialogar com a questão formulada por Schrödinger em *O que é vida?* (1997). Este distingue a vida como um comportamento da matéria cuja base é a conservação de uma ordem pré-existente e a denomina neguentropia, por contrariar o princípio da entropia. Canguilhem sustenta:

Os sistemas vivos abertos, em estado de não equilibrio, mantém sua organização simultaneamente *em virtude* de sua abertura ao exterior e *apesar* da sua abertura. Seja qual for o nome que se lhe atribua, neguentropia, informação ou improbabilidade do sistema, a organização exprime a qualidade de certa quantidade física. Isto basta para distinguir a biologia da física, ainda que a primeira pareça ter ligado o seu próprio destino ao da segunda. O biólogo não pode deixar de perseverar na utilização do conceito de normalidade. (Canguilhem, 1977b, p.120)

Propor que a noção de normalidade seja imprescindível na história da biologia não implica reconhecer que esta pôde efetivamente ser incluída em seu escopo.

Não terá havido confusão entre os diferentes níveis de compreensão dos objetos da biologia, quando investigamos e pusemos em evidência uma normalidade distintiva desses objetos? [...] foi pela miniaturização crescente dos seus objetos, bactéria, gene, enzima, que os biólogos descobriram, enfim, em que consiste a vida. Ora, as análises precedentes não terão confundido o nível dos fenômenos conhecidos e vividos e o nível dos fenômenos explicados? A normalidade aparece como uma propriedade dos organismos, mas desaparece ao nível dos elementos da organização. (Canguilhem, 1977b, p.121)

Canguilhem registra como problema para a biologia a constatação de a vida ter a propriedade de criar normas para perseverar. Que característica seria essa, peculiar à vida, desde a mais elementar, que permite a discriminação entre o que é favorável ou desfavorável à preservação? A físico-química não explicou esse atributo irredutível à condição de ser vivo.

Pensar a vida fora de uma explicação possível no âmbito das ciências da natureza é uma questão controversa. Canguilhem tem claro que a biologia opera uma redução ao se ancorar na físico-química para explicar a vida, tornando-se satélite das chamadas ciências naturais e, segundo ele, desvalorizando o objeto biológico em sua especificidade. Ao mesmo tempo, uma biologia que busca sua autonomia sempre se arrisca à qualificação de vitalismo. A vida não está plena na ciência biológica e a reflexão filosófica apresenta questões cuja consequência é, do ponto de vista da ciência, uma posição que pode ser acusada de vitalismo.

É no contexto da polêmica sobre um suposto vitalismo que Canguilhem distingue sua filosofia da biologia de uma biologia de filósofo:

> Pouco importa ser ou não tido como vitalista ou pecha semelhante que se queira atribuir com esse adjetivo. A rigor, o termo vitalista só deveria servir para designar uma teoria biológica, ou uma filosofia do biólogo, se tal empreendimento tem um sentido para ele, e não uma filosofia da biologia, único empreendimento possível para um filósofo, porém não confundido com uma biologia de filósofo, que seria um projeto monstruoso. (Canguilhem, 1977b, p.1)

Canguilhem explicita seus argumentos contra a biologia dos vitalistas ser considerada aberração ou esterilidade. Se não há uma chave vitalista para os problemas colocados pela vida à inteligência, não se deve por isso renunciar à formação de conceitos para procurar alguma chave perdida. Diante dos problemas que a vida apresenta para o biólogo, a convicção vitalista não gera, pelo contrário, preguiça ou idiotice (Canguilhem, 1977b, p.1). Canguilhem não professa uma teoria biológica vitalista, mas sustenta a vitalidade e a fecundidade do vitalismo diante de questões que a vida e a filosofia da vida irretorquivelmente apresentam para a biologia. Ele não afirma haver uma força vital transcendente, mas reconhece a insuficiência da perspectiva biológica mecanicista e a necessidade de tentar superá-la. Há motivos para a permanência da oscilação entre mecanicismo e vitalismo na história da biologia e a continuidade dessa flutuação está relacionada a uma busca de sentido das relações entre a vida e a ciência (Canguilhem, 1992; Puttini; Pereira Jr., 2007).

A biologia não resolveu o que ele assinalou como uma capacidade de escolha anterior ao que o homem discrimina como sua própria possibilidade de pensar; uma condição presente na vida mais elementar, da qual o homem é um prolongamento. Haveria, na natureza da vida, algo irredutível a qualquer matemática. Canguilhem não formulou uma biologia de filósofo, mas apresentou um problema essencial para qualquer biólogo interessado em superar os desafios mais contundentes de seu campo de investigação.

Esse desafio está presente na discussão sobre as relações entre cérebro e pensamento. Grandes avanços da neurociência apresentariam a possibilidade de desvendar o cérebro e o pensamento como um computador? A reflexão de Canguilhem defende que a resposta é não, e isso não corresponderia apenas a um estágio do conhecimento. Em conferência proferida na década de 1980, o autor reafirma o valor como um atributo fundamental do ser vivo, que está na origem do pensamento humano (Canguilhem, 2006).

Cérebro e pensamento

Para Canguilhem, foi no século XIX que surgiu a primeira teoria que identifica o cérebro como órgão do pensamento humano. O combate entre positivismo e espiritualismo teve como uma forma de expressão a teoria das localizações cerebrais formulada por Gall em 1810. Teria sido esse o momento do surgimento de uma ciência do cérebro (Canguilhem, 2006). Poderia a ação do cérebro, como sistema fisiológico-psicológico, produzir fatos intelectuais e morais ou mesmo explicar o mecanismo do pensamento?

O projeto de encontrar uma correspondência anatômica entre cérebro e mente não pôde ser alcançado. Freud, que inicialmente buscou uma correspondência morfofuncional entre psiquismo e cérebro, elaborou uma tópica psíquica reconhecendo que esta não tem nada a ver com anatomia. Freud não encontrou a localização dos processos psíquicos em células nervosas. O cérebro e o pensamento, apesar de estreitamente vinculados, não correspondem um ao outro. Tanto cientistas quanto poetas estabeleceram essa relação e ao mesmo tempo não a encontraram para além de representações ou metáforas (Canguilhem, 2006).

Os fenômenos psicológicos diriam respeito a uma ciência do cérebro ou ao homem por inteiro? Essa questão citada por Canguilhem está na raiz de sua própria reflexão. O homem pode ser compreendido como máquina ou precisa ser inscrito em uma compreensão da vida como propriedade peculiar de realizar uma posição inconsciente de valor? O pensamento seria aquilo que um computador realiza quando opera um cálculo, um raciocínio, ou seria impossível separar pensamento da vontade humana que movimenta a invenção e a elaboração de máquinas? Não haveria alguma ligação entre vontade, atributo claramente reconhecido como característica humana, e toda sorte de condutas animais orientadas à busca de uma satisfação vital?

Para Canguilhem, a representação do vínculo entre pensamento, cérebro e computador é decorrente de uma estratégia teórica característica da ciência atual:

> a partir de observações e de experiências conduzidas em determinado campo da realidade, constrói-se um modelo, e, a partir desse modelo, continua-se a refinar o conhecimento como se estivéssemos lidando com a própria realidade. (Canguilhem, 1993, p.19)

Canguilhem considera impossível equacionar o cérebro como máquina eletrônica (computador) ou como máquina química. Para elucidar o que é o pensamento não se pode prescindir da ideia de valor, desejo, vontade. Citando Pascal, o autor pergunta: "Mas o que chamamos 'pensar' quando se trata desse poder do ser vivo que Pascal chamou de vontade e cuja capacidade de simulação ele nega à máquina?" (Canguilhem, 2006, p.199).

Essa questão diz respeito ao que Varela apontou como problema ainda em aberto, ao comentar, dez anos depois, a conferência de Canguilhem. Para Varela, a ciência da cognição conseguiu resolver teoricamente a condição de o pensamento humano ser um nível de organização superior de processos cognitivos inferiores. O pensamento humano seria uma emergência passível de ser simulada a partir desses processos cognitivos mais simples. A ligação entre pensamento e propriedades cognitivas mais gerais não seria utópica, mas estaria na base de um programa construtivo (Varela, 2001).

Ao afirmar isso, esse autor não admite estar antevendo o triunfo de algum novo mecanismo mediante a explicação de propriedades emergentes como concepção central. Algo fundamental da reflexão de Canguilhem permanece e se tornaria o centro mais importante de controvérsias futuras. Segundo Varela, processos cognitivos, de onde resulta a cognição mais elevada, são não reflexivos por definição, e o sujeito emergente não se separa das ocorrências que apoiam sua constituição. Haveria, portanto uma ambiguidade fundamental entre um mecanismo que explicaria a emergência do pensamento a partir de processos cognitivos mais simples e a experiência do ponto de vista do mundo vivido. O ponto central não resolvido seria equacionar a circularidade entre a exterioridade de um mecanismo e a interioridade da experiência vivida (Varela, 2001).

Esse mesmo aspecto é também ressaltado por Damásio, vinte anos após a conferência de Canguilhem, ao abordar o mistério da consciência, o qual ele reconhece estar aquém do mistério da mente. Segundo o autor, conquistas da neurociência poderiam conduzir à construção de artefatos com mecanismos formais do que se conhece sobre a consciência, mas não seria possível criar um artefato com algo que se assemelhasse à consciência humana na perspectiva de sua interioridade (Damásio, 2000).

A permanência dessa questão atesta a atualidade da perspectiva de Canguilhem. Os conceitos de cognição e informação foram elaborados segundo modelos que não relacionaram cognição a valor, vontade ou desejo. Canguilhem deixa claro, não apenas na conferência sobre cérebro e pensamento, como em toda sua obra, que não compartilha a ideia de que qualquer processo cognitivo em um ser vivo possa ser equiparado a um mecanismo. Ao afirmar que a história do pensamento biológico não pode prescindir da questão do valor, propõe para toda e qualquer definição de vida um problema identificado na emergência do humano. Ele admite nas funções metabólicas mais básicas, como as de assimilação e excreção, essa circularidade entre a exterioridade de um mecanismo e a interioridade da experiência do vivo. Processos cognitivos nos seres vivos conteriam interioridade.

O homem exerceria a experiência de interioridade como prolongamento de uma condição básica à possibilidade de uma estrutura física perseverar à revelia do principio da entropia. A condição de emergência do humano a partir de estruturas mais simples seria uma possibilidade presente na condição de ser vivo.

Voltando a *O normal e o patológico*, Canguilhem considera a arte humana da cura o prolongamento de um efeito espontâneo e próprio da vida: o de lutar contra aquilo que constitui obstáculo a sua manutenção. O homem prolonga com a técnica algo que está presente na condição vital:

Não emprestamos às normas vitais um conteúdo humano, mas gostaríamos de saber como é que a normatividade essencial à consciência humana se explicaria se, de certo modo, já não estivesse em germe na vida. Gostaríamos de saber como é que uma necessidade humana de terapêutica teria dado origem a uma medicina cada vez mais clarividente em relação às condições da doença, se a luta da vida contra os inúmeros perigos que a ameaçam não fosse uma necessidade vital permanente e essencial. Do ponto de vista sociológico, é possível mostrar que a terapêutica foi, primeiro, uma atividade religiosa, mágica, mas não se deve absolutamente concluir daí que a necessidade terapêutica não seja uma necessidade vital, necessidade que – mesmo nos seres vivos bem inferiores aos vertebrados quanto à organização – provoca reações de valor hedônico ou comportamentos de autocura e de autorregeneração. (Canguilhem, 1995, p.97)

A definição de vida

As dificuldades que permanecem na definição de vida reiteram a propriedade da reflexão filosófica de Canguilhem. Porque as definições sobre vida são tão evasivas? Essa questão é proposta por Tsokolov (2009), cuja análise auxilia a situar os problemas relativos ao grande desafio de encontrar uma definição de vida que seja curta, universal e igualmente aceita como definição padrão entre as ciências.

O autor ressalta a inexistência de uma definição de vida consensual aos diferentes campos de conhecimento, que se expandiram com crescente perda de linguagem em comum. Ele assinala três dificuldades epistemológicas importantes para definir a vida: a utilização de termos que por sua vez são imprecisos; a adoção de uma combinação de descrições; a tentativa de arbitrar um sistema mínimo a ser caracterizado como vida.

Não há um consenso entre especialistas ou cientistas interdisciplinares sobre o significado de termos como informação, complexidade, metabolismo, ordem, auto-organização, autoconservação etc. O problema não é apenas a dificuldade de utilizar estes termos por meio de linguagens de campos científicos distintos, mas a falta de clareza da definição desses termos em si próprios (Tsokolov, 2009).

Por exemplo, o termo informação é empregado indistintamente em interpretações que conduzem a diferentes definições de vida: tanto as mais estreitas, que reduzem bioinformação ao contexto da genética (código genético, programa genético, projeto do DNA), como mais amplas que a designam no contexto do sistema vivo como um todo em redes de controle, circuitos e sinais. Nas teorias da ciência da computação e da matemática, a noção de informação é a de dados sem significação, algoritmos, dispositivos de controle. Quando utilizado para denominar processos vitais, o emprego do termo é, na maior parte das vezes, metafórico, como no caso da designação de "programas inteligentes" ou de "inteligência artificial" (Tsokolov, 2009).

Os modelos que propõem informação como componente não incluem, como visto anteriormente, a dimensão do valor. O uso metafórico do termo remete ao problema central da obra de Canguilhem, pois evidencia como as tentativas de definição do que é vida não conseguem prescindir dessa dimensão de valor. Esse mesmo problema se apresenta quando definições de vida são propostas pela descrição de seus atributos como metabolismo, crescimento, reprodução, adaptação, hereditariedade, evolução, complexidade, reatividade, movimento, irritabilidade etc. "O que especificamente ocorre nos sistemas vivos que lhes permite crescer, metabolizar, reproduzir, evoluir, aumentar a complexidade e processar informação?" (Tsokolov, 2009, p.408). Qual seria o atributo primordial que viabilizaria secundariamente a emergência dos outros?

Categoria vida

De acordo com Schrödinger (1997), essa propriedade seria a de manter ordem à revelia do princípio da entropia. Porém, como argumentou Canguilhem, esse caráter essencial não seria antes uma condição normativa? Vida como posição inconsciente de valor poderia definir esse atributo?

O artigo de Tsokolov evidencia a dificuldade de encontrar uma definição de vida que seja, ao mesmo tempo, curta e extensiva a todos os atributos da vida, desde aqueles que se articulam em sistemas físico-químicos aos que estão compreendidos por sistemas ecológicos, mentais e sociais. Essa dificuldade está também ligada a de se buscar uma definição de vida com parâmetros passíveis de tratamento quantitativo (Tsokolov, 2009).

A definição de vida como posição inconsciente de valor não se coaduna com a perspectiva quantitativa das ciências da natureza. O que poderia ser valor como definição de o que é vida? Constituintes metabólicos poderiam apresentar uma dimensão que se considera inaugurada pela vida humana?

Os sentidos de força vital não são suficientes para dar conta desse problema que permanece na discussão contemporânea sobre a definição de vida. O chamado "vitalismo" de Canguilhem traz como interrogação algo muito além de uma elaboração que transcenda a natureza. Não se trata de uma questão fora da ciência, mas algo que precisa ser enfrentado no contexto da relação entre ciência e filosofia. Trata-se de um problema que tangencia o limite de o homem conhecer pela maneira que a ciência moderna o fez, além de apontar para o cerne da formação dual que constitui a concepção de homem na sociedade ocidental moderna.

Categoria vida e concepção do homem na modernidade

Em *As palavras e as coisas*, Foucault estudou as condições do surgimento do homem moderno. Esse trabalho apresenta reflexões fundamentais para a compreensão da construção da concepção de homem e também para pensarmos hoje sua transformação.

O homem moderno surgiu no ocidente em uma condição construída com base na experiência do mundo clássico. As categorias vida, trabalho e linguagem surgiram no século XVIII – período considerado pelo autor limiar da modernidade – e viabilizaram um projeto de conhecimento (Foucault, 1995).

Articulada às categorias linguagem e trabalho, a categoria vida emerge em ruptura com a ordem anterior, em uma mesma base epistêmica a partir de uma perspectiva dualista. Porém, do ponto de vista da construção epistemológica do homem, houve uma profunda cisão; o corpo foi concebido como organismo, enquanto linguagem e trabalho foram compreendidos de modo imaterial e em estatuto de cientificidade diferenciado.

Os objetos das ciências humanas constituíram-se para além da configuração da categoria vida. As ciências humanas se fizeram necessárias para dar conta de aspectos do homem que não dizem respeito ao organismo como parte de um saber positivo. Isso traz problemas não apenas para a compreensão do homem, mas aparece como questão no interior da própria biologia, no conflito que opôs mecanicismo e vitalismo. Se o vitalismo foi uma condição de possibilidade para o surgimento da biologia (Jacob, 1983), foi de seu expurgo que ela se constituiu como ciência. As ciências da mente e a psicanálise estabeleceram-se como sobra, algo que não entrou na formalização da estrutura orgânica (Birman, 2007). As ciências humanas produziram um homem em uma divisão ainda não equacionada. Mudanças na concepção de homem devem passar pela redefinição e pela ligação entre as categorias que o fundaram na modernidade?

Considerar uma ligação entre as categorias que definem o homem não significa naturalizá-lo em uma biologia que o reduz, mas questionar a condição reduzida da biologia e ampliar a categoria vida. Esse alargamento não significa confundir domínios diferenciados da experiência humana, mas qualificá-los como consequentes de uma mesma origem. O humano é uma decorrência evolutiva da condição de ser vivo.

O homem é um ser vivo cuja existência é constituída de desejo e necessidade; pensamento e linguagem. O homem apresenta desejo e pensamento porque é ser vivo. Existiria a condição de se transformar a maneira de conhecer o homem ao se integrar o conceito de normatividade vital à biologia? A relação entre vida, trabalho e linguagem poderia ser estruturada em uma nova biologia, cuja origem seria o conceito de normatividade vital.

Normatividade vital e vontade de poder

O conceito de normatividade vital é filiado ao de vontade de poder, de Nietzsche. O pensamento desse autor alemão, vinculado à filosofia grega pré-socrática, está próximo da elaboração de Canguilhem. Nietzsche considera que a *physis* apresenta elementos fundamentais para a reorientação do pensamento ocidental e da concepção do homem moderno. Não é objetivo aqui aprofundar esse tema, mas apontar a referência filosófica que orienta a perspectiva de Canguilhem.

A filosofia pré-socrática propõe outra compreensão de natureza, não dissociada do humano. O pensamento biológico de Nietzsche é afinado com essa compreensão. O conceito de normatividade vital encontra o de vontade de poder como uma potência que realiza a própria vida orgânica.

O conceito vitorioso, "força", com o qual nossos físicos criaram Deus e o mundo, necessita ainda ser completado: há de ser--lhe atribuído um mundo interno que designo como "vontade de poder", isto é, como insaciável ansiar por mostrar poder; ou emprego, exercício de poder, pulsão criadora etc. Os físicos não se libertarão, a partir dos seus princípios, do "efeito a distância": tampouco de uma força de repulsão (ou de atração). Isso não ajuda em nada: há de conceberem-se todos os movimentos, todas as "manifestações", todas as "leis" somente como sintomas de um acontecimento interno, e por fim servir-se da analogia do homem. No animal, é possível derivar da vontade de poder todas as suas pulsões; da mesma maneira, todas as funções da vida orgânica podem ser derivadas dessa única fonte. (Nietzsche, 2008b, p.319-20 [619])

Os aforismos de Nietzsche que se referem à dimensão orgânica podem ser interpretados como uma intuição capaz de vislumbrar o corpo em uma perspectiva que rompe o dualismo. A presença do pensamento humano é decorrente de uma realidade vital que já ocorre em uma ameba.

Todo pensar, julgar, perceber, como comparar, tem como pressuposto um "equiparar", ou, antes, um "tornar igual". O tornar igual é a mesma coisa que a incorporação de matéria apropriada na ameba. (Nietzsche, 2008b, p.266 [501])
Não há dúvida de que todas as percepções dos sentidos estão totalmente penetradas de juízos de valor (útil e prejudicial – consequentemente, agradável e desagradável). (Nietzsche, 2008b, p.267 [505])

Considerar que valor é anterior ao homem é afirmar a realidade biológica do pensamento, da qual o humano é um desdobramento que realiza o sentido da própria experiência vital. A categoria vida foi destituída de interioridade pela biologia moderna. Porém, a subjetividade humana se realizaria em uma experiência cuja origem é uma subjetividade de outra ordem que materializaria a própria vida orgânica. A objetividade seria aquilo cuja presença aparenta ser independente de escolhas, porque estas estariam em uma ordem anterior e mais elementar do que a consciência humana.

> Que as coisas tenham uma constituição em si, completamente abstraída da interpretação e da subjetividade, é uma hipótese inteiramente ociosa: seria pressupor que o interpretar e o ser sujeito não seriam essenciais, que uma coisa desligada de todas as relações ainda seria coisa.
> Pelo contrário: o aparente caráter objetivo das coisas não poderia decorrer simplesmente de uma diferença de grau no interior do subjetivo? – de modo, por exemplo, que o que muda lentamente se apresentasse para nós como durando "objetivamente", como sendo, como "em si"? – de modo que o objetivo fosse apenas uma falsa espécie de conceito e uma falsa oposição no interior do subjetivo? (Nietzsche, 2008b, p.292 [560])

Vontade de poder é a força que faz a vida evoluir, sem isso significar obrigatoriamente elevação ou progresso. A vida crescer e se diversificar não é apenas condição do acaso e de seleção natural do ambiente.

> A influência das "circunstâncias externas" é supervalorizada em Darwin até a insensatez; o essencial no processo de vida é justamente o poder [Gewalt] imensamente configurador, criador de formas a partir de dentro, o qual explora, despoja as "circunstâncias externas".
> [...] Que as novas formas, configuradas a partir de dentro, não são formadas em relação a um fim; mas que, na luta das partes, uma nova forma não permanecerá por muito tempo sem uma relação com uma utilidade parcial, e depois, de acordo com o

uso, conformar-se-á de forma cada vez mais acabada. (Nietzsche, 2008b, p.329 [647])

[...] A vida não é adaptação de condições internas a externas, mas sim vontade de poder, a qual, a partir de dentro, submete--se a si e incorpora cada vez mais "exterior". (Nietzsche, 2008b, p.344 [681])

Canguilhem elabora o conceito de normatividade vital em relação ao problema da autoconservação da vida, mas também em ligação com as mudanças que fazem parte dela. Em Nietzsche, conservação é consequente à vazão que o vivo dá à sua força.

Antes de postular a pulsão de conservação como pulsão cardeal de um ser [*Wesen*] orgânico, os fisiólogos deveriam pensar bem. Antes de tudo, algo vivo quer dar vazão à sua força: a "conservação" é somente uma das consequências disso. Precaução com os princípios teleológicos supérfluos! E a isso pertence todo o conceito de "pulsão de conservação". (Nietzsche, 2008b, p.344 [681])

O conceito vontade de poder tem vigor para inscrever a vida na condição de conservação e transformação. A vida é uma posição inconsciente de valor que determina sua condição orgânica e espiritual. O caráter dual é desdobramento de uma unidade cuja origem é valor.

A vontade de poder só pode externar-se em resistências; ela procura, portanto, por aquilo que lhe resiste – essa é a tendência original do protoplasma quando estende pseudópodes e tateia em torno de si. A apropriação e a incorporação são, antes de tudo, um querer-dominar, um formar, configurar e transfigurar, até que finalmente o dominado tenha passado inteiramente para o poder do agressor e o tenha aumentado. – Se essa incorporação não vingar, então provavelmente se arruína a configuração; e a dualidade aparece como consequência da vontade de poder: para não deixar perder-se o que foi dominado, a vontade de poder desvencilha-se em duas vontades (em certas circunstâncias, sem abandonar completamente a sua ligação uma com a outra). "Fome" é somente uma adaptação mais estreita, depois que a pulsão fundamental por poder ganhou uma constituição mais espiritual. (Nietzsche, 2008b, p.331 [656])

O corpo não está separado do pensamento, ao contrário ele é pensamento e se constitui como resultado da vontade de poder.

O corpo humano, no qual tanto o passado mais longínquo quanto o mais próximo de todo devir orgânico torna-se de novo vivo e corporal, por meio do qual, sobre o qual e para além do qual parece fluir uma torrente imensa e inaudível; o corpo é um pensamento mais espantoso do que a antiga "alma". (Nietzsche, 2008b, p.332 [659])

A vida se produz a partir de uma condição irredutível de valor. "O ponto de vista do 'valor' é o ponto de vista das condições de conservação e incremento com referência à complexa configuração da relativa duração da vida no interior do devir" (Nietzsche, 2008b, p.360 [715]). Essa afirmação de Nietzsche está na origem do conceito de normatividade vital. Quando Canguilhem apresenta sua epistemologia, confronta o pensamento científico com a filosofia da vida, que assume a necessidade de uma transformação radical da relação do homem com o conhecimento. Vida como valor não se submete à vontade de domínio do homem, pois se trata de algo mais potente que ele. Talvez por isso haja tanta dificuldade em realizar essa mudança na definição de o que é vida.

Repensar a relação entre ciência e filosofia

Para finalizar, apontam-se aspectos da discussão a ser desenvolvida a partir do resgate do conceito de normatividade vital. O pensamento de Canguilhem no início do século XXI pode suscitar uma forma de interpretar o problema da normalidade na biologia, articulado a um desafio na física, uma região epistemológica que ele não abordou. Canguilhem afirmou que valor é uma propriedade biológica irredutível, mas isso não significa que seja a propriedade passível de configurar "autonomia" para a biologia.

Valor não seria algo fora da natureza, mas ao contrário, a própria natureza da vida. Se a vida é parte da natureza, valor seria uma condição física propriamente biológica. A questão a ser acrescentada é se, enquanto ser vivo, o homem poderia estar na natureza sem ter a dimensão do valor mediando todas as possíveis descrições que faz acerca dela. O valor seria base de toda experiência e descrição do homem no universo, uma vez que seu próprio corpo teria essa dimensão constituinte fundamental.

A questão do valor apresenta-se também na física, em decorrência da inexistência de uma formulação matemática para a passagem do mundo quântico ao mundo clássico. Existe uma interpretação possível para esse problema em aberto na física, articulada ao problema da normalidade na biologia. A inexistência de uma formulação matemática para a passagem do nível quântico ao clássico não poderia ser decorrente da circunscrição de um limite biológico na condição humana de perscrutar o universo? Esse limite não poderia ser justamente a condição normativa intrínseca à estrutura viva? Esse tema está desenvolvido no próximo capítulo.

Há dificuldades para dar sentido adequado a questões em aberto em saberes que apresentam linguagens díspares e afastadas. Hipóteses formuladas por físicos renomados podem parecer extremamente especulativas e pouco consistentes quando se referem à vida. Por sua vez, filósofos não são físicos nem biólogos, e existe uma dificuldade enorme de diálogo quando os pensadores estão preocupados com o rigor dos conceitos que utilizam em seus campos de origem.

O conceito de normatividade vital apresenta a possibilidade de transformação da relação entre ciência e filosofia, ao afirmar o valor como condição do ser biológico. Uma ontologia da vida seria anterior e fundamental para o homem compreender o limite de seu conhecimento sobre o universo. As representações construídas pelo conhecimento científico teriam essa ontologia como base de interpretação. Vida como posição inconsciente de valor afirma a materialidade do pensamento, da qual o humano seria um desdobramento evolutivo. Isso atestaria ser a vida biologicamente filosófica.

Essa afirmação não é passível de confirmação científica pelos critérios usuais, mas pode ser validada mediante sua capacidade de favorecer um modo compreensivo de articular problemas não resolvidos em diferentes saberes. Dessa forma, o conceito de normatividade vital, proposto por Canguilhem, pode, para além da epistemologia das ciências da vida, ser uma peça-chave para importantes e necessárias mudanças na cosmologia da sociedade contemporânea.

Capítulo 5
Normatividade vital e dualidade corpo-mente[1]

Há questões em aberto na biologia e na física do século XX que podem ser articuladas com referência ao desafio da dualidade corpo-mente. Um dos principais entraves para encontrar uma resposta a esse desafio é o fato de a biologia estar assentada em um modelo mecanicista, fundamentado na física newtoniana. Poderia o corpo ser concebido de modo mais integrado se a física do século XX estivesse inscrita na biologia do século XXI? Um aspecto dessa questão diz respeito ao fato de a função cognitiva e a dimensão psíquica serem conceituadas em epistemologias radicalmente distintas das ciências da natureza. Outra forma de pensar a relação entre corpo e mente poderia surgir a partir da elaboração de um conceito capaz de definir uma forma elementar de valor em seres vivos mais simples? A cognição humana poderia ser decorrência evolutiva da capacidade de o ser vivo elementar realizar uma

---

1 Versão revista do artigo "Normatividade vital e dualidade corpo-mente", *Psicologia em Estudo*, Maringá, v.15, n.2, p.363-72, abr.-jun. 2010.

atividade cognitiva primária e anterior? Essa atividade é, por exemplo, aventada na imunologia, interconectada a células como linfócitos (Daniel-Ribeiro; Martins, 2008). Admitir função cognitiva em linfócitos requer concebê-la em uma forma anterior a processos mentais mais complexos, portanto, diferenciada do que o homem reconhece como seu próprio conhecimento. Essa não é uma questão trivial, pois é uma tarefa difícil ao homem formular o que é conhecimento independentemente de seu modo de experimentá-lo.

O conceito de normatividade biológica

Como visto no capítulo anterior, a ideia de haver uma anterioridade biológica na propriedade humana do conhecimento, inscrita na apreciação do valor favorável ou desfavorável de circunstâncias vitais, foi formulada por Canguilhem. Em *O normal e o patológico*, ele registrou que a técnica humana, o exercício de uma terapêutica fundamentada no conhecimento médico, seria o prolongamento de uma atividade espontânea, própria da vida de lutar contra o que se apresenta como obstáculo a sua manutenção e desenvolvimento.

O conceito de normatividade biológica afirma a propriedade de um organismo, mesmo unicelular, exercer uma espécie de "discernimento" a respeito do que é a favor ou ameaça a sua preservação. Existiria uma subjetividade distintiva da condição vital. A vida humana estaria enraizada na vida de uma célula, ou seja, o humano seria uma amplificação de uma propriedade biológica essencial (Canguilhem, 1995).

Para Canguilhem, a propriedade de autoconservação, a circunstância de a vida perseverar à revelia da tendência a entropia, deve-se a essa capacidade de realizar uma apreciação inconsciente de valor. O filósofo defendeu que tal característica indicaria ser a biologia diferenciada das regularidades descritas pela físico-química (Canguilhem, 1977b); por isso, foi questionado como defensor de uma espécie de vitalismo.

A autoconservação, para Canguilhem um dado da vida, é ainda um problema em aberto, inquirido também por físicos ao buscarem uma explicação física para a natureza da vida e da mente humana. A autoconservação de uma célula é análoga a dos organismos multicelulares, os quais apresentam células especializadas na manutenção da individualidade, como as do sistema imunológico. Linfócitos, assim como neurônios, são células e participam de uma rede que realiza de maneira elaborada funções existentes de modo primordial em seres vivos mais simples.

Poderíamos dizer que a função cognitiva humana é uma emergência que se tornou possível a partir de uma incomensuravelmente complexa interconexão celular, mas presente anteriormente e de modo elementar em uma célula. Uma célula estaria muito longe de realizar uma cognição simbólica, mas o corpo humano teria origem filogenética na célula. Raciocinar procurando esse elo poderia auxiliar a elaboração de uma teoria mais integrada sobre o que é o corpo. Essa é também a proposição de Edgar Morin:

> Existe apenas um patamar entre homens e macacos. Existe um abismo vertiginoso entre *Escherichia coli* e *Homo sapiens*. Mas parece-nos evidente que, do ponto de vista conceitual, a chave do indivíduo-sujeito bacteriano está no indivíduo-sujeito humano; parece-nos evolutivamente lógico que a chave do indivíduo-sujeito humano está no indivíduo-sujeito bacteriano. Temos pois de tentar ligar essas duas proposições num anel produtor de conhecimento. (Morin, 2002, p. 224)

Morin propõe uma identidade fundamental na estrutura que liga a noção biológica e antropológica de indivíduo-sujeito. Sujeitos humanos não têm a mesma significação de uma bactéria, isso é óbvio e é afirmado no texto do autor. Ao utilizar essa referência não se pretende entrar no mérito da categoria sujeito, apenas reforçar a ideia de o humano estar enraizado no biológico e de ser necessário encontrar uma chave epistêmica capaz de esclarecer essa origem.

O conceito de normatividade vital é importante na busca dessa ligação epistêmica entre seres vivos. Considera-se aqui que a biologia foi construída de forma reduzida ao não conceber o humano como decorrente dela. A célula foi descrita em bases físico-químicas, mas o conceito de normatividade vital aponta uma qualidade da célula não descrita, mesmo apresentando-se em sua totalidade como um dado da vida. O ser vivo unicelular é desmedidamente mais simples que o homem, mas não seria irrelevante propor uma propriedade na célula filogeneticamente constitutiva da condição do humano.

Seria incorrer mais uma vez no vitalismo retomar o conceito de normatividade vital, elaborado por Canguilhem na primeira metade do século XX, como eixo de perguntas fundamentais a desafios da ciência no início do século XXI, como o da cognição?

Vitalismo é definido como

> doutrina segundo a qual existe em cada indivíduo um "princípio vital", simultaneamente distinto da alma pensante e das propriedades físico-químicas do corpo, que governa os fenômenos da vida. (Lalande, 1993)

O vitalismo surgiu no século XVIII e difundiu-se no século XIX em oposição ao mecanicismo. O vitalismo se posicionou mediante termos extrafísicos como "princípio vital" e "alma pensante". Superar a dualidade corpo-mente não seria reeditar a polêmica entre vitalismo e mecanicismo, mas suplantá-la mediante nova forma de conceituar fenômenos biológicos e mentais.

Categoria vida

A biologia até hoje não superou o mecanicismo, mas não foge à lógica racional supor a possibilidade da descrição física de fenômenos biológicos de maneira diferenciada das regularidades físico-químicas concebidas no contexto da mecânica clássica. Nesse caso, o vitalismo extrafísico poderia ser superado por uma transformação na biofísica.

Fazer essa suposição pode ser encarado ainda como um vitalismo por ser uma especulação. Porém, essa ideia não deixa de ser uma argumentação possível para pensar o problema da cognição celular. Como viabilizar a descrição de uma propriedade celular cognitiva em perspectiva físico-química? Até hoje não houve uma descrição sólida e bem fundamentada dessa função.

Ao mesmo tempo, há a experiência do homem com sua forma simbólica de normatividade. Fenômenos como a linguagem, a mente, o pensamento, não foram explicados em bases físico-químicas. O homem seria uma emergência radicalmente distinta dos outros seres vivos? Considerando-o um ser vivo decorrente do processo de evolução biológica, como entender o surgimento de propriedades tão fantásticas como as que o define? Se existe a mente humana, porque, guardando a relativização necessária, não seria possível uma "mente" celular?

Não há dúvida de que a consciência humana é singularmente capaz de construir símbolos que expressam pensamentos. Os pensamentos são formações extremamente elaboradas e não há, até hoje, uma descrição física do que sejam. Os pensamentos estão no cérebro? É o cérebro a estrutura anátomo-fisiológica responsável pela elaboração de pensamentos? Qual a base material destes e como eles interagem com o cérebro? A mente poderia ser explicada em termos cerebrais ou ela não pode ser reduzida ao cérebro?

Apesar da imensa distância de complexidade, não haveria uma equivalência em nossa ignorância sobre o que é o pensamento e o que seria a normatividade (cognição) de um ser unicelular? Se há um vínculo epistêmico a ser construído, qual seria a chave para realizar essa conexão em um anel produtor de conhecimento?

Se a biologia não conseguiu descrever a normatividade de um ser vivo unicelular, poderia a física vir a fazê-lo como algo que, em escala extremamente ampliada, resultaria nos fenômenos mentais humanos?

Normatividade biológica e física não computacional

A capacidade normativa do ser vivo elementar e a consciência poderiam ser estruturas biofísicas ainda não descritas? Essa possibilidade foi aventada, no início da década de 1990, por Roger Penrose, no contexto da discussão sobre a natureza física dos fenômenos mentais. Apesar de Penrose ser um renomado físico e matemático, esse aspecto de seu trabalho foi considerado especulativo, recebendo muitas críticas e resistências. A teoria dele tem a ousadia de sugerir hipóteses ainda distantes de comprovação científica. Porém, isso não a desqualifica, pois apresentam questões de grande interesse para ampliar a reflexão sobre cognição e fenômenos biológicos.

Para Penrose, a mente é um aspecto de algum tipo de estrutura física. O mundo mental emerge do mundo físico e, de algum modo, a cultura nasce da mente. A física trata a matéria, objetos massivos, partículas, espaço, tempo, energia. Como sentimentos e percepções poderiam emergir da física? Penrose considera essa relação um mistério, sem abrir mão do desafio de entender o mundo mental nos termos do mundo físico (Penrose, 1998).

Apesar de sua perspectiva fisicista, Penrose discorda energicamente da possibilidade de descrever a mente de modo semelhante a um computador. Dedica grande parte de seu trabalho para argumentar nesse sentido. Ou seja, ele entende que a ação do cérebro é de ordem física, porém não pode ser simulada computacionalmente. Haveria algo na ação física do cérebro que está além da computação (Penrose, 1998).

Ele identifica duas possibilidades no sentido de procurar descrever essa ação física não computacional: já haveria na física conhecida elementos para se encontrar certos tipos de ação não computacional; ou deve existir algo fora da física conhecida a ser procurado para descrever a ação não computacional do cérebro, ou seja, nosso entendimento físico ainda seria incompleto e talvez a ciência futura venha a explicar a natureza da consciência (Penrose, 1998).

Este é o ponto de vista de Penrose. A resposta para uma física não computacional, relevante para explicar a ação do cérebro, estaria ligada a uma das mais importantes questões em aberto na física a partir do século XX: como um sistema físico passa do nível quântico para o nível clássico. A tarefa muito difícil de responder como unir esses dois níveis estaria relacionada, segundo o autor, à formulação da teoria quântica da gravidade (Penrose, 1998).

O problema que Penrose apresenta tem, no ponto de vista aqui desenvolvido, uma ligação com o conceito de normatividade vital e a reflexão filosófica de Canguilhem. Não poderia ser objetivo deste texto discutir os detalhes técnicos da proposição de Penrose e, muito menos, como a física poderia explicar a emergência da mente e da cultura. Contudo, é possível dizer que há uma convergência entre a pergunta do físico e a do filósofo, apesar de terem pontos de vista distintos em relação a que ciência seria capaz de um dia respondê--la. Penrose segue uma linha de pensamento, semelhante à proposição de Canguilhem, de que a mente humana é o prolongamento de uma propriedade existente em uma célula, quando interroga a natureza não computacional de um neurônio ou da "mente" de um paramécio:

Que estão fazendo os neurônios individuais? Estão agindo apenas como unidades computacionais? Pois bem, os neurônios são células, e as células são coisas muito elaboradas. Na realidade, são tão elaboradas que, ainda que só tivéssemos uma delas, poderíamos fazer coisas muito complicadas. Por exemplo, um paramécio, um animal unicelular, é capaz de nadar até o alimento, fugir do perigo, transpor obstáculos e, aparentemente, aprender com a experiência. Todas essas são qualidades que pensaríamos requerer um sistema nervoso, mas o paramécio certamente não tem sistema nervoso. No melhor dos casos, o paramécio seria ele próprio um neurônio! Com certeza não existem neurônios num paramécio – há apenas uma única célula. O mesmo tipo de afirmação poderia ser aplicado a uma ameba. A pergunta é: como fazem isso?

Uma sugestão é que o citoesqueleto – a estrutura que, entre outras coisas, dá à célula a sua forma – é o que está controlando as complicadas ações desses animais unicelulares. No caso do paramécio, os cabelinhos, ou cílios, que ele usa para nadar são as extremidades do citoesqueleto e são em ampla medida feitos de pequenas estruturas tubulares chamadas microtúbulos. O citoesqueleto é formado desses microtúbulos, bem como de actina e filamentos intermediários. As amebas também se movem, usando efetivamente microtúbulos para propelir seus pseudópodos. (Penrose, 1998, p.138-9)

Sem entrar em nenhum detalhe técnico e apenas para ter uma ideia da lógica do raciocínio de Penrose, pode-se dizer que ele propõe a hipótese de uma atividade quântica nos microtúbulos estar ligada a ações celulares, inclusive dos neurônios. Fenômenos físicos não computacionais poderiam ocorrer nessas estruturas microtubulares e teriam relação com os processos mentais. O próprio Penrose reconhece o caráter especulativo de suas ideias, mas quem sabe ele não estaria abrindo caminho para a construção no futuro de uma teoria mais completa da biofísica celular?

Categoria vida

O que torna essas ideias atraentes, do ponto de vista aqui tratado, é a possibilidade de avanço na reflexão na filosofia das ciências da vida. A convergência, em alguns aspectos, entre a teoria de Penrose e o conceito de normatividade vital pode indicar caminhos que merecem investigação. Essa convergência, no entanto, não oculta, também, divergências, e novas perguntas podem colocar problemas em outras bases.

A superação do conhecimento não garante a vitória plena de uma teoria sobre outra, porque uma nova visão não veicula a mesma ideia da teoria "vitoriosa" no passado. A perspectiva fisicista de Penrose, caso se tornasse legitimada, estaria muito longe de ser uma vitória restrita ao que poderia ser chamado o "mundo físico". O que seria uma física não computacional? Que ligação essa nova física teria com a emergência do mundo mental de onde emergiria por sua vez o mundo da cultura?

Ao propor que uma física não computacional poderia vir a ser um caminho para explicar a emergência do mundo mental e do mundo cultural, Penrose assume, no interior de uma perspectiva fisicista, a ideia de que haveria no mundo material elementos que fazem emergir o mundo mental e cultural. Penrose apresenta uma perspectiva filosófica monista, sem contudo desconsiderar a existência dos três mundos contidos na perspectiva pluralista. O problema fundamental, portanto, não seria uma oposição entre monismo, dualismo e pluralismo, mas conceber uma física que está além da que conhecemos até hoje, capaz de explicar a emergência física dos três mundos.

Essa ideia, caso legitimada, também poderia superar a oposição entre vitalismo e mecanicismo. A descrição de uma física não computacional sobrepujaria a necessidade de apelar a uma força vital extrafísica. No interior de uma perspectiva fisicista seria descrita uma força correspondente ao vitalismo.

Um problema que permaneceria seria o da oposição entre objetividade e subjetividade. Persistiria o conflito entre a perspectiva que propõe o mundo físico fazer emergir, de modo objetivo, o mundo mental e o mundo cultural; e a que advoga ser a condição vital, em sua forma mais simples, uma posição inconsciente de valor.

De acordo com Canguilhem, valor é algo inscrito na condição vital e distintivo da condição biológica. A vida é uma originalidade em relação ao não vivo. Se pensarmos o biológico, em toda a amplitude humana, emergindo da física, como responder a essa originalidade do vivo?

Articulação entre questões em aberto na biologia e na física

Buscar uma articulação entre grandes questões, procurar uma resposta articulada para os dilemas atuais da física e da biologia pode ser um recurso para encontrar um caminho de superação do conhecimento. A filosofia das ciências da vida talvez não tenha realizado um diálogo suficientemente produtivo com a física do século XX. Físicos como Schrödinger e Bohr escreveram sobre a relação entre física e biologia e abriram uma reflexão, intensificada no decorrer do século, que talvez não tenha sido apropriada completamente pela filosofia da biologia e, principalmente, pelo conhecimento biológico.

Um dos aspectos mais controversos da física do século XX é o que diz respeito à passagem do nível quântico para o nível clássico. Penrose propôs que formular a redução objetiva de um nível a outro poderia abrir caminho para descrever a ação do cérebro como física não computacional.

Em termos gerais, a estrutura conceitual da física clássica está mais adaptada a nossa experiência comum dos fenômenos físicos. Ela baseia-se na ideia de que é possível realizar uma discriminação entre o comportamento dos objetos e a sua observação. Espaço e tempo são categorias definidas pela posição e velocidade dos objetos (Bohr, 1995).

Segundo Bohr, a física no início do século XX trouxe uma profunda mudança na forma de compreender o que é a realidade. Na descrição da estrutura atômica, descobriu-se não ser possível determinar a posição de um elétron no espaço e no tempo, antes de uma medição ser realizada. Antes da observação, um elétron pode estar em vários lugares ao mesmo tempo, e é somente no momento da observação que essa posição se define. Há uma dualidade no comportamento do elétron, e determinada situação experimental só é capaz de revelar uma de suas formas de apresentação: onda ou partícula. Não existe na física quântica uma realidade objetiva. As condições de observação interferem no fenômeno estudado (Bohr, 1995).

O nível clássico e o nível quântico definem duas formas irreconciliáveis de compreender o mundo físico. Uma é a realidade objetiva – o que pode ser determinado, previsto –; outra é a realidade subjetiva, como aquilo que se constituiu possibilidades em nosso pensamento antes da definição de uma escolha traduzida em ação. Bohr estabeleceu uma analogia epistemológica entre a mecânica quântica e fenômenos psicológicos (e as ciências humanas), em que é evidente a relação estreita entre sujeito e objeto (Bohr, 1995). A física clássica está em relação à física quântica de uma forma muito semelhante a que se apresenta na oposição entre objetividade e subjetividade, característica de nossa relação com o conhecimento.

A física quântica estendeu a dimensão da subjetividade a partículas infinitamente pequenas, enquanto a vida é descrita pela biologia em termos da mecânica clássica. Os contornos desse confuso quadro parecem os de um quebra-cabeça em que ainda faltam peças para elucidar uma imagem mais definida.

Por um lado, a descrição quântica abriu espaço para uma série de especulações sobre a existência de uma "consciência" na estrutura última da matéria. Por outro lado, não houve como enunciar uma teoria científica capaz de explicar a analogia entre fenômenos quânticos e psicológicos. Os fenômenos quânticos foram descritos para o infinitamente pequeno, e a mente humana é uma emergência que ocorre ligada a uma densa rede de neurônios.

A inquietante falta de explicações consistentes trouxe para essa questão uma falta de cientificidade, o que provocou uma resistência por parte dos campos demarcados tanto da física como da biologia. É inevitável reconhecer, contudo, que desde suas primeiras formulações na primeira metade do século XX, os questionamentos sobre as implicações da física quântica na compreensão do que é a realidade fizeram físicos aproximarem-se cada vez mais da discussão sobre a natureza da vida, da mente e da consciência.

Schrödinger escreveu *O que é vida?* (1943) e *Mente e matéria* (1956). A primeira obra produziu um grande impacto no mundo da ciência, principalmente por ter antecipado a construção da teoria do código genético, demonstrada por Watson e Crick alguns anos mais tarde. Os percursos que conduziram Schrödinger a essa brilhante concepção o fizeram também realizar especulações sobre a natureza da mente e da consciência. Ele observou como a consciência está mediada pela condição biológica do homem e, assim, intimamente relacionada e dependente do estado físico do corpo, como se evidencia em suas alterações durante processos característicos do desenvolvimento como adolescência e senilidade; ou como efeito de infecções, drogas ou lesões cerebrais (Schrödinger, 1997).

A consciência pode se alterar em função de transformações corporais. Dizer isso não é nenhuma novidade, mas dizer que a realidade é concebida pelo homem com a mediação de sua biologia, o que seria uma consequência lógica disso, é algo que escapa de ser realizado em sua profundidade. Podemos compreender a seguinte reflexão de Schrödinger, em *O que é vida?*, como uma circunstância cuja delimitação tem uma origem biológica:

Diz-se, por exemplo, que há uma árvore ali fora, perto da minha janela, mas, na verdade, eu não a vejo. Por algum ardiloso artifício, do qual apenas os passos iniciais e relativamente simples são explorados, a árvore real projeta uma imagem em minha consciência e é disso que me apercebo. Se você ficar ao meu lado e olhar para a mesma árvore, esta projetará também uma imagem em sua alma. Eu vejo minha árvore e você, a sua (notavelmente igual à minha) e o que a árvore é em si mesma nós não o sabemos. Kant é o responsável por essa extravagância. (Schrödinger, 1997, p.100)

Referindo-se à resignação incutida por Kant de não sabermos nada sobre a "coisa em si", o autor, em *Mente e matéria*, lembra que a ideia de subjetividade é bem antiga e familiar. A mecânica quântica acrescentou consequências para a ideia da realidade como uma construção humana:

O que é novo no cenário atual é o seguinte: que não somente as impressões que obtemos de nosso ambiente dependeriam em grande parte da natureza do estado contingente de nosso sensório, mas, inversamente, o próprio ambiente que desejamos apreender é modificado por nós, notavelmente pelos dispositivos que estabelecemos para observá-lo. (Schrödinger, 1997, p.140)

O conhecimento está intimamente vinculado às condições do sistema que o observa. Quando observamos através dos dispositivos construídos pela técnica humana não estaríamos nos aproximando cada vez mais da verdadeira realidade, mas construindo novas realidades, mediadas por novas condições de observação.

Isso nos estimula a perguntar qual o limite do conhecimento. Os instrumentos construídos permitem ao homem observar progressivamente realidades antes inimagináveis. Porém, as condições de construção desses instrumentos não estariam também mediadas por limites configurados por nossa biologia?

A física, ao descrever a realidade por instrumentos potentes de observação, não estaria desvelando com precisão cada vez maior um mundo independentemente de nossos poderes e limites de observação. Os instrumentos construídos pelo homem estão mediados por esses poderes e limites. A construção do conhecimento e da realidade humana apresenta transformações suscitadas pela técnica, mas a própria técnica está inscrita nas condições iniciais delimitadas pela constituição biológica. Os dispositivos de observação estariam mediados em última instância pela estrutura do aparelho sensorial humano.

A noção de aparelho sensorial humano diz respeito ao que conhecemos em relação à fisiologia dos órgãos envolvidos na capacidade de captar a realidade interna e externa ao corpo. O homem tem uma estrutura anatômica e fisiológica complexa, e a realidade é apreendida mediante essa estrutura composta de uma rede de interações celulares. A descrição do aparelho sensorial humano é configurada pela mecânica clássica, assim como a dos instrumentos de observação construídos pela técnica também está ancorada na perspectiva da física clássica.

A física clássica define a realidade segundo as categorias de espaço e tempo, referências fundamentais da experiência humana. Seres vivos unicelulares se movimentam no espaço e no tempo; contudo, a representação interna do mundo para eles é imediatamente ligada à sobrevivência mais básica. Reconhecem o que lhes é favorável ou desfavorável, reagem a estímulos, movendo-se em sua direção ou afastando-se deles (Szamosi, 1994).

De acordo com a teoria de Jerison (1991), as referências humanas de espaço e tempo foram construídas no decorrer do processo evolutivo (Telles, 2008). Os mamíferos constituíram a possibilidade de estabelecer uma percepção espaço-temporal dos objetos. Antes, na escala evolutiva, os estímulos não

Categoria vida

apresentavam padrão de modo a existir um reconhecimento de sua proveniência. O homem, muito além disso, criou espaços e tempos simbólicos. Essa teoria reitera a ideia da biologia de definir referências fundamentais ao conhecimento humano sobre a realidade física.

Se for legítima a teoria de Jerison, a física clássica descreveria a realidade segundo critérios que correspondem ao sistema cerebral em uma dinâmica resultante da integração complexa de suas estruturas. Essa rede integrada faz emergir a percepção de um mundo capaz de ser compartilhado pela espécie. A objetividade seria um consenso constituído por nossa herança biológica. As referências da física clássica teriam emergido no devir evolutivo da espécie humana.

Propor que as referências básicas da experiência do homem no espaço e no tempo são decorrentes da biologia humana pode produzir uma consequente interpretação sobre a passagem do nível quântico ao nível clássico, como questionado anteriormente.

A física quântica, referida à estrutura fundamental da matéria, não apresenta referências no espaço e no tempo. Uma interpretação seria ela não corresponder totalmente à estrutura última da matéria, pois o homem não seria capaz de observar a matéria independentemente de sua condição biológica. A natureza essencialmente probabilística da descrição quântica seria relativa a uma condição fisicamente inscrita na célula, relacionada à normatividade dos seres vivos, desde os mais elementares, e ampliada nos mais complexos. Os fenômenos mentais humanos seriam um prolongamento dessa qualidade essencialmente biológica (no sentido de ser relativa à vida). Ou seja, o fenômeno quântico seria decorrente da "interferência" de uma condição biológica na observação da estrutura fundamental da matéria.

A física não passível de ser descrita em bases computacionais, conforme a proposição de Penrose, seria expressão da propriedade do ser vivo de realizar uma posição inconsciente de valor. A redução do nível quântico ao nível clássico seria consequente a uma ocorrência a ser explicada por uma física biológica.

Propor essa hipótese é apenas uma especulação, uma ousadia intelectual a ser avaliada como possibilidade de resposta. Não teria como aprofundá-la do ponto de vista físico, o que torna a argumentação muito genérica. É mesmo de uma maneira bem inicial que essa hipótese precisa ser aventada, pois não há como desenvolvê-la sem ser de maneira coletiva.

O conhecimento como algo configurado pela biologia foi estudado por Maturana e Varela (1984). Asseverar que o homem não é capaz de descrever a estrutura última da matéria pode ser filosoficamente sustentado no pensamento de Kant. É também consonante à concepção de Spinosa de o homem só ser capaz de reconhecer dois dos infinitos atributos da substância única: extensão e pensamento, atributos dos quais ele mesmo é constituído (Spinosa, 2002).

Se for legítimo afirmar o limite do conhecimento vinculado à biologia, a física estaria condicionada por ela. Isso não significaria que o homem não se relaciona com algo além dele mesmo, mas sim que o homem não é capaz de se relacionar com o universo sem estar atravessado por sua própria condição biofísica. Essa proposição possibilitaria admitir a hipótese de a diferença entre matéria viva e matéria inorgânica ser a propriedade de a substância viva realizar escolhas, portar uma condição que o homem descreveu quando formulou a estrutura fundamental da matéria. Na descrição da estrutura atômica haveria interferência de um fenômeno vital.

A descrição de uma realidade essencialmente probabilística pela física atômica seria devida à interferência de uma condição vital, e não à estrutura atômica em si mesma. Normatividade vital, posição inconsciente de valor, conforme o conceito de Canguilhem, seria uma propriedade original da estrutura viva escolher, em seu devir, o que a faz perseverar. A ideia de a descrição da estrutura atômica sofrer interferência de uma propriedade biológica estaria ajustada a essa originalidade do vivo.

Essa proposição é filosófica, não é refutável experimentalmente, mas seria possível avaliar sua validade lógica. Haveria nessa interpretação alguma inconsistência que a tornasse vulnerável em comparação a outras interpretações existentes igualmente não validadas cientificamente?

Esse pensamento é condizente com a tese de a teoria quântica não ser definitiva do ponto de vista do encontro da estrutura última da matéria. Porém, a questão é: o homem seria capaz de acessar essa estrutura última? Talvez as consequências da formulação da teoria quântica estejam mais próximas da natureza da mente e da biologia do conhecimento do que da estrutura fundamental da matéria.

Reconhecer um limite na capacidade do homem desvelar o universo não significa que não existam leis na natureza, "Deus não joga dados", como disse Einstein. O homem é que não seria potente o suficiente para desvendar essas leis integralmente. Porém, conhecer melhor seus limites pode proporcionar novas possibilidades para conhecer a si próprio e abrir caminho para um maior entendimento do que é o corpo humano em uma perspectiva mais íntegra.

Conceito de liberdade como condição orgânica

Os princípios que orientam a concepção do mundo mental como uma emergência do mundo físico podem ganhar mais força quando articulados com a biologia em uma perspectiva filosófica. Penrose pensa que o mundo físico é capaz de fazer emergir o mundo da mente e o da cultura. Se a descrição quântica estiver mediada por uma condição essencialmente biológica, o quântico poderia ser uma propriedade biofísica que permite à vida escolher o que a faz perseverar. Para Canguilhem, a vida apresenta uma posição inconsciente de valor. Por sua vez, Jonas (2004) propõe que a vida, em sua forma mais elementar, porta o conceito de liberdade:

> As grandes contradições que o homem encontra em si mesmo – liberdade e necessidade, autonomia e dependência, o eu e o mundo, relações e isolamento, atividade criadora e condição mortal – já estão germinalmente prefiguradas nas mais primitivas manifestações de vida, cada uma delas mantendo um precário equilíbrio entre o ser e o não ser, sempre já trazendo dentro de si um horizonte de "transcendência" [...] – uma escala ascendente de liberdade e risco que culmina no ser humano, o qual talvez possa chegar a uma nova compreensão de sua unicidade quando deixar de considerar--se um ser metafisicamente isolado. (Jonas, 2004, p.7)

Penrose admitiu a necessidade de uma superação na física para que esta possa dar resposta à emergência do que foi tratado como extrafísico. Essa emergência não corresponderia a atributos mentais humanos isoladamente. O ser vivo mais rudimentar apresentaria, de maneira metabólica, corporal e ligada à sobrevivência, uma condição em que se expressa o conceito de liberdade (Jonas, 2004). A visão ontológica de Jonas estende a ideia de liberdade ao primeiro que tem a escolha como base da existência, sendo essa escolha proveniente da necessidade mais básica. O conceito de liberdade é indispensável para a descrição ontológica do dinamismo vital mais elementar:

> Desta maneira o primeiro aparecimento do princípio em sua forma pura e elementar implica a irrupção do ser em um âmbito ilimitado de possibilidades, que se estende até as mais distantes amplidões da vida subjetiva, e que como um todo se encontra sob o signo da liberdade. (Jonas, 2004, p.14)

Os primeiros seres vivos estiveram inscritos em uma condição que teria a escolha como base primeira da possibilidade de existir organicamente. A mais elevada forma de subjetividade é um prolongamento dessa potencialidade. A vida em sua forma mais elementar é uma condição de discernir entre possibilidades, e essa condição está presente em todos os seres que se sucederam.

O ser vivo realiza sua autopoiese em acoplamento estrutural com o meio (Maturana; Varela, 1984), ele existe como ser em relação com o que o constitui. Ele é ser no limite do não ser. A liberdade do ser é a opção de constituir ou não o outro em si mesmo de forma a se nutrir, crescer, evoluir. A fronteira entre ser e não ser é a condição de liberdade e a necessidade de escolher o que faz a vida perseverar.

O que a vida realiza é um fluir constante em que o ser se desprende do todo em uma condição precária. A existência persiste à medida que está em relação com o meio circundante. O ser é o limite do não ser e é devir em relação.

> Tão constitutiva para a vida é a possibilidade do não ser, que seu ser é, como tal, essencialmente um estar suspenso sobre este abismo, um traço ao longo de sua margem. Assim, o próprio ser, em vez de um estado, passou a ser uma possibilidade imposta que continuamente precisa ser reconquistada ao seu contrário sempre presente, o não ser, que inevitavelmente terminará por devorá-lo. (Jonas, 2004, p.14-15)

A vida é um paradoxo, distingue-se em uma circunstância instável em que o ser só existe em relação. O não ser e o outro são condição e, ao mesmo tempo, ameaça à existência. Essa é a circunscrição que expressa a transcendência como condição básica da vida por mais rudimentar que seja. Se isso for assim, é possível afirmar que o espírito humano está prefigurado na existência orgânica: "[...] viver é essencialmente estar relacionado com algo; e relação como tal implica 'transcendência', implica um ultrapassar-se por parte daquilo que mantém a relação" (Jonas, 2004, p.15).

A filosofia da vida pode ter uma importância crucial para reorientar a ciência da vida no sentido de alcançar a perspectiva da integração entre corpo e mente.

Desafios

A tese cartesiana da separação radical entre corpo e mente é cada vez mais questionada no mundo contemporâneo. O problema é que, de acordo com a reflexão aqui apresentada, transformar essa cosmologia exigiria mudanças de ordem epistêmica ampla. Os limites da física e da biologia seriam borrados. Em alguns aspectos, a física seria uma biologia ampliada. A física não poderia deixar de conter nela mesma a emergência dos mundos mental e cultural. A linguagem, substrato das ciências humanas e sociais, seria um objeto biofísico, porém conteria a singular propriedade humana de criar símbolos que expressam sentidos para o valor inscrito na condição vital.

Os desafios são imensos, não há nenhuma descoberta nessa reflexão, decorrente de inquietações originadas por perguntas provenientes do campo das ciências da vida. Os entraves não seriam poucos, um deles a incredulidade dos que acreditam poder perscrutar a natureza sem a mediação de sua própria constituição biológica. Há também os que não admitiriam perder a especificidade de seus campos de conhecimento. Quem seria competente para falar do quê?

O problema maior, contudo, não seria a disputa de competências, mas admitir mais plenamente a assustadora condição de o homem não ser capaz de conhecer integralmente processos cognitivos inconscientes que o determinam. A revolução de Copérnico demonstrou ser a terra um pequeno planeta que gira em torno do sol. A segunda revolução copernicana foi enunciada por Freud, mediante o conceito de inconsciente. No século XXI, o conceito de inconsciente precisaria ser alargado e fazer também parte da rede cognitiva que articula células como linfócitos e neurônios.

Supor que o homem concebe a realidade com a mediação do que ele é não impede reconhecer sua capacidade de conhecer a natureza e o universo, mas afirma um limite. Esse limite também está na possibilidade de a consciência humana penetrar o inconsciente. A consciência pode ser compreendida como uma emergência no sistema de relação em que se delimita a individualidade humana. O inconsciente, para além da concepção atual ligada ao psiquismo em uma ruptura com a biologia, teria uma materialidade e estaria inscrito na estrutura orgânica, em escala difícil de ser realizada pela consciência. Esta seria apenas uma pequena parte de algo muito mais potente.

O homem tem várias formas de expressão como a ciência, a arte, a filosofia. Saber fazer a articulação entre elas é a maneira de realizar de modo mais pleno sua condição (Atlan, 1991). Reconhecer seus limites não implica delegar a forças mágicas o papel de governar a existência. A vida é maior do que nossa consciência, mas isso não significa que a transcendência esteja ausente em nossos próprios corpos, que, por sua vez, não se reduzem à descrição que os diferentes campos científicos alcançaram fazer dele.

Em uma época de transformações intensas, vale o exercício de pensar e abrir questões. É importante estar permeável à ousadia das viagens que refletem um desejo de superação da fragmentação excessiva da vida, da ciência em relação à filosofia, da técnica em relação à vida em sua índole essencial de perseverar, evolucionar e afirmar-se, mesmo considerando que o homem pode até destruí-la se não forem modificadas suas prioridades na relação com o planeta.

Capítulo 6
Para concluir?

A biologia tem hoje importância central na discussão sobre os principais desafios da ciência contemporânea. O conhecimento sobre a vida deve ser assumido como eixo de transformações da relação do homem com o conhecimento. O que está em questão é a circunstância de o homem conhecer mediado por sua própria constituição enquanto ser vivo. Isso não diz respeito apenas aos órgãos dos sentidos, mas a toda e qualquer condição que intermedeie o encontro constituinte do homem e de seu entorno, inclusive os objetos construídos pela técnica.

A ciência moderna encobriu essa condição ao se apropriar do mundo a partir de uma desconfiança em relação a seus próprios sentidos. Hannah Arendt sustenta que o edifício da ciência moderna se ergueu na perda de confiança nos sentidos como possibilidade de revelação da verdade. Ou seja, os sentidos não seriam adequados para o universo, a experiência cotidiana não constituiria modelo para a recepção da verdade, ao contrário, seria uma constante fonte de erro e ilusão. As ciências naturais, com a certeza a respeito da infidelidade da sensação e da mera observação, voltaram-se para o experimento, o que assegurou um desenvolvimento cujo progresso pareceu ser ilimitado (Arendt, 2009).

Isso produziu uma alienação do homem frente ao mundo que, para Arendt, é uma das características mais proeminentes do gigantesco desenvolvimento das ciências a partir dos séculos XVI e XVII. A grandiosa estrutura do mundo humano em que vivemos dificulta identificar como problemático esse estado básico de alienação que o tornou possível (Arendt, 2009).

Contudo, não haveria como desconsiderar inteiramente a conexão entre pensamento e percepção sensível, pois esta se revela indissolúvel. "A natureza se evidencia inconcebível, isto é, impensável igualmente em termos de puro raciocínio" (Arendt, 2009, p.86). Com a física do século XX, mostrou-se que não há como abstrair a condição do observador na realidade observada. O sentido humano é base de toda a experimentação do homem no universo. O pretenso afastamento dos sentidos da ciência moderna não pôde obscurecer que o homem conhece mediado por sua própria condição. Citando Heisenberg, Arendt lembra:

> o paradoxo de que o homem, toda vez que tenta aprender acerca das coisas que não são ele próprio, nem devem a ele sua existência, encontrará em última instância a si mesmo, as suas próprias construções e os padrões de suas próprias ações. (Arendt, 2009, p.122)

De acordo com Arendt, a radical alienação do mundo deixou atrás de si uma sociedade de homens sem "um mundo comum que a um só tempo os relacione e separe, ou vivem em uma separação desesperadamente solitária ou são comprimidos em uma massa" (Arendt, 2009, p.126). As consequências dessa construção estão presentes de forma acentuada em vários níveis da vida. A alienação, em que o homem não se percebe como ser no mundo, constitui inúmeras formações da realidade humana. Os principais conceitos que definem o conhecimento sobre a própria vida obscurecem, de alguma maneira, a circunstância de que o homem subsiste nessa situação de simultânea relação e separação.

A gênese do conhecimento acerca das doenças epidêmicas é um exemplo que atesta a tendência desse encobrimento no decorrer da história. Há um vínculo entre a experiência do contágio e a condição de o homem, enquanto ser vivo, existir em virtude e ao mesmo tempo, apesar de sua abertura ao exterior. O contágio é uma experiência originária, descrita nos relatos mais antigos sobre a ocorrência de epidemias. A percepção de que o contato com o outro é potencialmente mortal pressupõe um sentido de preservação, expresso em um medo anterior a qualquer elaboração racional. O outro como fonte de perigo convive com a circunstância de que ele é, ao mesmo tempo, essencialmente necessário. A percepção do contágio sinaliza a intensidade da experiência do quanto a relação com o outro é vital e fundamental e, ao mesmo tempo, pode ser traumática e geradora de sofrimento (Czeresnia, 1997).

O ser humano é a vida com consciência de si própria. O contágio seria originariamente a experiência da condição trágica da existência. No contexto do desenvolvimento de formas racionais de intervenção sobre doenças, houve o encobrimento dessa circunstância. O controle de doenças é parte do edifício de conquistas da ciência, que, como observou Arendt, não trouxe apenas consequências libertadoras. O conhecimento biológico que deu base ao controle de doenças foi também uma forma de alienar a questão da alteridade, contribuindo para a construção moderna da individualidade (Czeresnia, 1997). Foi parte de um processo civilizatório que produziu individualismo e totalitarismo, afastando a possibilidade de uma sociedade com um mundo comum que, ao mesmo tempo, relaciona e separa (Arendt, 2009).

O indivíduo moderno foi constituído na ideia de separação e poder em relação à natureza, sem considerar que é parte dela. Há uma denegação da condição de o indivíduo ser uma relatividade e constituído por um paradoxo. Essa questão está na raiz de problemas do mundo contemporâneo, resultantes de opções da ordem de grandeza de uma civilização que necessita rever seu modo conceber o mundo e a realidade.

O conhecimento sobre o que é vida precisa se conectar com a experiência originária dela de ser simultaneamente relação e separação. O encobrimento dessa trágica condição, se por um lado, ergueu uma forte estrutura de sobrevivência e de conquistas tecnológicas, por outro, trouxe pesadas consequências. O ser vivo se constitui na tensão entre o que é e o que se torna na dinâmica da relação. Essa é uma condição intrinsecamente biológica e, a partir dela, seria possível pensar uma forma de entender o corpo como totalidade e superar o dualismo.

A vida apresenta uma origem que tornou possível todas as formas de vida diversificadas e desdobradas no decorrer de um processo evolutivo. A vida do homem tem origem na vida de um ser vivo elementar e as múltiplas dimensões apreendidas pelo ser humano são desdobramentos de uma origem biológica. Nesse sentido o que está em foco não é a afirmação da biologia como a disciplina científica capaz de realizar uma transformação no conhecimento, mas propor a vida no eixo dessa transformação.

Analisou-se a importância do pensamento de Canguilhem para a ciência da vida pensar a si própria e encontrar caminhos de superação de problemas fundamentais. O conceito de normatividade vital, nuclear na obra do filósofo, mostra-se atual ao afirmar, em referência ao pensamento de Nietzsche, que valor é característica essencial do que é vida.

Vida como posição inconsciente de valor pode ser uma definição capaz de superar o dualismo. A origem da vida orgânica seria a condição de incorporar de maneira organizada aquilo que é favorável ao ser, bem como de rejeitar e excretar o que lhe é desfavorável. Isso poderia ser concebido como a condição que evolutivamente tornou possível o pensamento humano. Não seria algo que porta consciência, finalidade ou planejamento, mas a estrutura que dá origem à vida orgânica em sua forma mais elementar. O problema não é cogitar a existência de uma estrutura física que tem capacidade de auto-organização, mas trazer para o conhecimento a consciência de seu limite, ou seja, aceitar que a origem do humano está enraizada na origem da vida, que ela não pode ser reduzida a nenhuma matemática e é mais ampla do que a consciência humana pode alcançar.

Para Canguilhem, a proposição da vida como posição inconsciente de valor demarcaria uma região epistemológica própria à biologia, a qual buscaria uma autonomia frente à física e à química (Canguilhem, 1977b). Diferentemente dessa perspectiva, essa mesma proposição pode ser interpretada de outro modo. Se o ser humano conhece sob a mediação de sua própria constituição; se a possibilidade de conhecer tem a relatividade da circunstância de quem conhece, não haveria como demarcar domínios tão delimitados de autonomia das ciências. A física e a química estariam imersas na condição humana de perscrutar o universo. A delimitação das ciências seria um artifício humano, sem se referir a uma "natureza em si". A necessidade de demarcação das ciências acaba por obscurecer a necessária compreensão de que, na medida em que o ser humano constrói a física, a química e a biologia, em certo sentido, todas têm ligação com a condição humana de conhecer.

Voltando ao tema abordado por Arendt, não haveria como tratar a história das ciências naturais de modo diferenciado da história humana. A concepção do mundo físico e do mundo vivo é tão histórica quanto a história dos feitos humanos. A autora considerou que a física do século XX superou a oposição entre ciências naturais e históricas, assim como a pretensa objetividade das ciências naturais. O observador é uma das condições do experimento. Com a observação introduz-se uma "subjetividade" nos processos "objetivos" da natureza. As ciências são construções humanas e suas respostas serão sempre réplicas a questões formuladas por homens. A física é uma investigação sobre o que existe tão centrada no homem quanto a pesquisa histórica. "A antiga polêmica entre a 'subjetividade' da historiografia e a 'objetividade' da física perdeu grande parte da sua relevância" (Arendt, 2009, p.79). Arendt alerta que, quando o homem desvenda a natureza por meio de instrumentos e experimentos projetados por ele, deve suspeitar de estar preso às configurações de sua própria mente (Arendt, 1987). Essas configurações são indissoluvelmente biológicas e históricas.

Do ponto de vista histórico propriamente dito Foucault ressalta que as ciências emergem inscritas na formação discursiva de uma época, e que não estão à parte do saber que as cercam e se modificam de acordo com suas mutações (Foucault, 1987a). A ciência moderna não pode ser analisada isoladamente do processo histórico que conduziu a civilização ocidental desde o seu nascimento e em especial a partir do século XVI. As ciências podem vir a ter outras inter-relações se houver uma mudança nas formas de interpretar a lógica de construção do conhecimento. A fragmentação do homem foi uma consequência da delimitação dos objetos das ciências; não se trata de uma ordem da natureza, mas de uma ordenação das formas humanas de conhecê-la. Se essa configuração é histórica, haveria possibilidades de ser transformada.

A biologia tem um papel fundamental para a reordenação dos objetos das ciências. Compreender a vida como processo metabólico entre ser vivo e natureza está na base da possibilidade de compreender a intrínseca ligação entre sujeito e objeto. Os homens enquanto seres vivos apresentam uma dinâmica corporal que contraria a lógica cartesiana dessa falsa separação (Arendt, 1987). A história corporal está fundada nessa inseparabilidade entre ser vivo e suas circunstâncias. Essa história para o homem é simultaneamente física, biológica e simbólica. É na vigência do encontro que a vida se realiza, preserva-se e evoluciona. Essa assertiva permeia a possibilidade de superar a fragmentação das ciências, na medida em que inscreveria todas as dimensões da vida em uma mesma ontologia, passível de ser compreendida em uma mesma estrutura epistêmica.

O problema da fragmentação das ciências está assentado na forma de compreender o corpo, como se ele fosse regido por distintas "epistemologias". Essa fragmentação está presente no interior da própria biologia, como pode ser exemplificado no pensamento do biólogo evolucionista Ernst Mayr, ao distinguir biologia evolutiva, essencialmente histórica, de biologia funcional. Para ele, o quadro conceitual das ciências físicas seria insuficiente para explicar a biologia histórica, o mundo vivo não poderia ser circunscrito às leis newtonianas. A teoria da evolução de Darwin, segundo Mayr, revolucionou a ideia de a biologia ser passível de explicação físico-química. Conceitos da biologia evolutiva caracterizariam uma ciência autônoma que estabelece uma ponte entre ciências naturais e humanidades, particularmente importante para a explicação da mente e da consciência. A biologia funcional, entretanto, manteria-se estabelecida em um arcabouço mecanicista, ao tratar um plano celular-molecular que não entraria em conflito com uma explicação físico-química estrita. Ao mesmo tempo, ele considera a física do século XX irrelevante para a biologia. Em seu entendimento, "nenhuma das grandes descobertas feitas pela física do século XX contribuiu com coisa alguma para a compreensão do mundo vivo" (Mayr, 2005, p.52).

Essa afirmação nega o caráter histórico dos objetos das ciências. A análise realizada anteriormente aponta justamente o caráter transformador da física do século XX em relação ao que é a realidade e a capacidade humana de conhecer. Como sustentar que a física do século XX não seria útil para a compreensão do mundo vivo? Seria mais pertinente asseverar que o desenvolvimento da biologia deverá certamente absorver a física do século XX, ao abrir espaço para superar seus desafios mais importantes.

Ao distinguir biologia evolutiva de biologia funcional, Mayr não aborda o problema de os mecanismos moleculares, descritos por uma físico-química biológica, não serem suficientes para elucidar conceitos fundamentais como metabolismo, crescimento, reprodução, adaptação, hereditariedade, evolução, complexidade, reatividade, movimento, irritabilidade (Tsokolov, 2009). Há inúmeras questões não respondidas por meio de explicações mecanicistas. Os problemas que podem ser formulados acerca da ligação entre uma "biologia funcional mecanicista" e uma "biologia evolutiva e histórica" atestam a necessidade de procurar outra forma de compreender a relação entre ciências naturais, biologia e história. Propor que a física do século XX é importante para a biologia é privilegiar o que ainda está sem solução nessa ligação. A ideia é articular não apenas respostas, mas questões em aberto que podem ser interpretadas de outro modo e que apontam a necessária mudança das relações entre ciência e filosofia.

É possível buscar uma interpretação que absorva os achados da biologia, articulando-a a uma ontologia da vida que permita conectar o homem como ser no mundo. Se as representações construídas pelo conhecimento não podem ser tomadas como o que é o ser vivo na totalidade; se elas reduzem e, assim, ocultam outros aspectos fundamentais da experiência; se elas não definem a essência do vivo, de alguma forma, necessitam ser interpretadas para dar sentido ao que o homem é capaz de conhecer.

A experiência subjetiva é marcada pela construção de representações científicas. Conceitos biológicos constroem imagens que extrapolam seu campo específico e interferem na experiência subjetiva dos homens ao lidar com a realidade da saúde, doença, dor, sofrimento. A necessidade de procurar um modo de articular diferentes apreensões sobre a vida é tentar superar a maneira com que as representações construídas pelo conhecimento científico criam realidades para além de seu campo de pertinência. As dimensões do que é possível conhecer e da totalidade podem ser concebidas em uma mesma base, em uma forma de integrar o que está na origem das possibilidades de experiência do humano.

Se há conexão entre as diferentes dimensões da vida humana, se for verdadeiro que todas apresentam uma mesma origem, a biologia funcional e seus fundamentos físico-químicos estariam vinculados à mesma ontologia da biologia evolutiva, da mente, da consciência e da história. Conceitos não expressam "a verdade", são definições que descrevem características de acontecimentos e os tornam compreensíveis racionalmente. Os conceitos que foram construídos de maneira dissociada, se efetivamente aprendem aspectos de uma realidade com a mesma origem, poderiam ser redimensionados e reinterpretados. Na base dessa possibilidade de reinterpretação está a experiência originária que percebe a vida como paradoxo entre permeabilidade e impermeabilidade (Atlan, 1992); que compreende o homem como ser no mundo, desdobramento de uma condição intrinsecamente biológica. Ser vivo que se diferencia e se constitui na presença constante da relação com o outro.

Configurar uma nova possibilidade de entender os processos orgânicos, descritos por uma biologia funcional, pode oferecer outra perspectiva para compreender a biologia de modo integrado. É importante perceber que o percurso histórico de constituição das ciências não é em direção a uma verdade absoluta. O conhecimento da estrutura do DNA, por exemplo, abriu caminho para descrever processos de conservação, reprodução e transformação dos seres vivos, mas essa descrição não foi suficiente para desvendá-los. A biologia molecular e a engenharia genética conseguiram interferir de forma surpreendente na dinâmica da vida, porém, isso não significa que esses procedimentos tenham poder para revelar os mistérios de sua essência.

O conhecimento biológico apresenta questões, já trabalhadas por diversos autores, que podem evidenciar a ligação entre os conceitos e a vida como totalidade. Sem dúvida, a teoria da evolução de Darwin é uma das mais importantes nesse sentido, ao esclarecer a diversidade dos seres vivos decorrente de uma origem comum. A interpretação dessa teoria é plena de controvérsias, como a que diz respeito ao papel da relação organismo e meio.

Os seres vivos se constituem ao estabelecerem relações com o meio, determinadas por sua estrutura (Maturana; Varela, 1984). Eles estabelecem uma forma específica de relação com o meio, na qual exercem a capacidade de discernir o que lhes é próprio e assimilar; e o que não lhes é próprio e excretar. Nessa interação ocorrem novas situações e, sempre determinados por sua estrutura, os seres vivos evolucionam, ou seja, emergem novas espacializações nas quais eles nunca mais são os mesmos.

É muito mais fácil perceber mudanças nos ciclos da vida de um ser vivo desde seu nascimento, crescimento e morte. As mudanças na filogênese são mais difíceis de serem processadas ou avaliadas pelo homem, pois ocorrem em um período histórico muito maior do que o de poucas gerações. A teoria da seleção natural afirma que mutações ocorrem ao acaso e são selecionadas pela capacidade de sobrevivência dos mais aptos ao meio. Autores como Maturana e Varela, bem como Margulis e Sagan, propõem a interferência ativa do ser vivo, em interação com seu meio, nos processos de mudança evolutiva. Os seres vivos não são seres independentes do meio e é em acoplamento estrutural (Maturana; Varela, 1984) que redes de interações produzem os processos da evolução.

Os seres vivos não podem ser considerados em separação ao meio. A ideia de que o meio "seleciona" os mais aptos exclui a participação ativa do ser vivo no processo de interação. É na dinâmica da interação que a diferenciação do ser vivo se preserva e ele se transforma. A teoria da evolução precisaria ser refinada a fim de se dar mais ênfase ao encontro constitutivo do ser vivo e do meio. É nessa dinâmica que se deve buscar a origem da vida e de suas possibilidades de diversificação no devir.

Os temas tratados pela biologia molecular delegam um papel privilegiado ao DNA nos processos de reprodução e transformação dos seres vivos. A ênfase na ideia de programa genético deixou de lado a perspectiva de o ser vivo formar seu gene em uma longa história de interações. O encontro é a origem constitutiva do ser vivo, é na tensão entre ser e não ser que a vida, sem planos nem finalidades *a priori*, dá forma e delimita fronteiras de diferenciação que nunca são completamente definidas ou fechadas.

Alguns autores desenvolvem uma intensa discussão para propor interpretações alternativas aos achados da biologia. Keller (2002) questiona o conceito de programa genético e argumenta como é incorreto, no sentido de que os mecanismos produtores tanto da conservação como da transformação dos genes não podem ser explicados por sua estrutura, pois estão na complexa dinâmica da célula como um todo em interação (Keller, 2002).

Jablonka e Lamb afirmam que o pensamento biológico sobre a hereditariedade e a evolução está passando por uma mudança revolucionária que desafia a perspectiva neodarwinista, dominante. Segundo as autoras, a biologia molecular evidencia como antigas suposições neodarwinistas a respeito do sistema genético estão incorretas. Informações biológicas podem ser transmitidas através de herança não relacionada ao DNA. A hereditariedade e a evolução devem ser pensadas em termos não apenas da genética, mas também epigenéticos, comportamentais e simbólicos (Jablonka; Lamb, 2010).

Margulis e Sagan, no livro *O que é vida?* (2002), também propuseram uma série de questões que enfrentam dogmas da biologia. Segundo os autores, os organismos não podem ser considerados seres autônomos encerrados em si próprios, mas comunidades de corpos cujas trocas são constitutivas deles próprios e do mundo em que vivem. O corpo dos organismos complexos é resultante da incorporação simbiótica de estruturas previamente elaboradas. O processo da evolução é também devido à fusão de seres em interação. Formas anteriormente distintas se unem sinergicamente, produzindo outra, nova e surpreendente. A individualidade é, portanto, relativa:

> As células se formam e interagem numa vasta gama de configurações. Juntas formam indivíduos com vários níveis de tamanhos e graus de interdependência [...]. A origem de qualquer grande ser orgânico "individual" depende de processos integradores de transferência gênica que não são fáceis de reverter. (Margulis; Sagan, 2002, p.147)

A capacidade sensorial e perceptiva já estaria presente nos seres vivos elementares, o que se manifesta no reconhecimento do alimento e no afastamento de perigos ambientais. Dessas propriedades decorrem evolutivamente os atributos mentais humanos. O pensar humano deriva da atividade da vida mais elementar. A escolha é um atributo fundamental de qualquer espécie de vida. "Até no nível mais primordial, a vida parece implicar a sensação, a escolha, e a mente" (Margulis; Sagan, 2002, p.230).

A vida evolui porque tem percepção e sua estrutura, ao interagir, agrega novos elementos, rejeitando outros. As controvérsias em relação à teoria da seleção natural encontram a ideia do ser vivo ser ativo nos processos de interação com o meio. A existência de uma atividade sensorial na origem da vida e do pensamento é uma concepção elaborada contemporaneamente a Darwin, como recuperam Margulis e Sagan, ao lembrarem as ideias do escritor inglês Samuel Butler:

> A esquecida teoria butleriana nos intriga. A mente e o corpo não são separados, mas parte do processo unificado da vida. Esta, sensível desde sempre, é capaz de pensar. Os "pensamentos", tanto vagos quanto claros, são físicos, encontrando-se nas células de nosso corpo e nas de outros animais. [...] O pensamento, como a vida, são a matéria e a energia fluindo; o corpo é seu "outro lado". Pensar e ser são a mesma coisa. (Margulis; Sagan, 2002, p.242)

Essa referência ao fragmento do filósofo pré-socrático Parmênides confirma a busca de aproximação e relevância histórica da *physis* na biologia. Na medicina, a importância da filosofia pré-socrática é reconhecida pelo vigor do pensamento hipocrático em confrontar o ponto de vista hegemônico em sucessivas recorrências no decorrer da história (ver capítulo 3). Apesar desse vigor, não houve condições de superar o dualismo que está na base do pensamento ocidental. O resgate do fragmento de Parmênides – "ser e pensar são o mesmo" – talvez seja hoje a proposta mais radical para alcançar essa perspectiva.

A vida é a própria dimensão do Ser, e ser e pensar é a mesma coisa. A vida é autopoiética porque nela está presente desde sua origem uma posição inconsciente de valor. Não é o ser humano que inaugura o pensamento, e isso é uma realidade material. O corpo orgânico não está fora da experiência do homem como ser no mundo; em vez disso, é uma dimensão do corpo concreto do homem, ponto de partida para essa experiência. Ao se propor a vida como centro da ontologia, e em certa medida também da teoria do conhecimento, nesse centro está também o problema do corpo. Como afirma Hans Jonas (2004, p.34): "Vida quer dizer vida material, portanto corpo vivo, em suma ser orgânico. No corpo está amarrado o nó do ser, que o dualismo rompe, mas não desata".

O homem não é um animal que pensa, ele é ser, corpo atravessado por uma condição original. O corpo do homem não é destituído do pensamento que o caracteriza, sua condição material e orgânica não é separável da linguagem. A emergência do humano provém de uma anterioridade, origem da própria vida. Para avançar o debate sobre a questão da dualidade corpo-mente é fundamental considerar o conceito de normatividade vital e a definição de vida como posição inconsciente de valor.

Referências bibliográficas

ANDRÉ, J. B. et alli. Evolution and Immunology of Infectious Diseases: what's new? An E-debate. *Infection, Genetics and Evolution*, Amsterdam, v.4, n.1, p.69-75, 2004.

ANTÓ, J. M. The Causes of Asthma: the need to look at the data with different eyes. *Allergy*, Copenhagen, v.59, n.2, p.121-123, 2004.

ARENDT, H. *A condição humana*. Rio de Janeiro: Forense Universitária, 1987. 338p.

_____. O conceito de história: antigo e moderno. In: _____. *Entre o passado e o futuro*. São Paulo: Perspectiva, 2009. p.69-126.

ATLAN, H. DNA: programa ou dados. In: MORIN, E. (Org.). *A religação dos saberes:* o desafio do século XXI. 2.ed. Rio de Janeiro: Bertrand Brasil, 2002. p.157-171.

_____. *Entre o cristal e a fumaça:* ensaio sobre a organização do ser vivo. Rio de Janeiro: Jorge Zahar, 1992. 268p.

_____. *Tudo, não, talvez*: educação e verdade. Lisboa: Instituto Piaget, 1991. 232p. (Epistemologia e sociedade).

AYRES, J. R. C. M. *Epidemiologia e emancipação*. São Paulo: Hucitec; Rio de Janeiro: ABRASCO, 1995. 231p.

_____. *Sobre o risco*: para compreender a epidemiologia. São Paulo: Hucitec; Rio de Janeiro: ABRASCO, 1997. 327p.

BACH, J. F. The Effect of Infections on Susceptibility to Autoimmune and Allergic Diseases. *The New England Journal of Medicine*, v.347, n.12, p.911-920, 19 set. 2002.

BACON, P. A. et alli. Accelerated Atherogenesis in Autoimmune Rheumatic Diseases. *Autoimmunity Reviews*, Amsterdam, v.1, n.6, p.338-347, dez. 2002.

BARATA, R. C. B. *Meningite, uma doença sob censura?* São Paulo: Cortez, 1988. 215p.

BARRETO, M. L. *Esquistossomose mansônica*: distribuição da doença e organização social do espaço. 1982. Dissertação (Mestrado) – Universidade Federal da Bahia, Salvador, 1982. Mimeografado.

BAUDRILLARD, COMPLETAR. *A transparência do mal.* 1990

BEASLEY, R. et alli. Prevalence and Etiology of Asthma. *Journal of Allergy and Clinical Immunology*, St. Louis, v.105, n.2, p.S466-S472, fev. 2000. Supplement.

BECK, U. A reinvenção da política: rumo a uma teoria da modernização reflexiva. In: GIDDENS, A.; BECK, U.; LASH, S. (Org.). *Modernização reflexiva*. São Paulo: Editora Unesp, 1997. p.11-71.

BIRMAN, J. A biopolítica na genealogia da psicanálise: da salvação à cura. *História, Ciências, Saúde - Manguinhos*, Rio de Janeiro, v.14, n.2, p.529-548, abr./jun. 2007.

BJÖRKSTÉN B. Effects of Intestinal Microflora and the Environment on the Development of Asthma and Allergy. *Springer Seminars in Immunopathology*, Berlin, v.25, n.3-4, p.257-270, 2004.

BOHADANA, E. *Ver a vida, ver a morte:* da filosofia e da linguagem. Rio de Janeiro: Tempo Brasileiro, 1988. 78p.

BOHR, N. *Física atômica e conhecimento humano:* ensaios 1932-1957. Rio de Janeiro: Contraponto, 1995. 129p.

BORNHEIM, G. (Org.). *Os filósofos pré-socráticos*. São Paulo: Cultrix, 1997. 128p.

BREILH, J. et alli. *Ciudad y muerte infantil*. Quito: Ediciones CEAS, 1983. 183p.

CANGUILHEM, G. *El conocimiento de la vida*. Barcelona: Editorial Anagrama, 1976. p.95-115.

_____. *La formation du concept de réflexe aux XVII et XVIII siècles*. 2.ed. Paris: Presses Universitaries de France, 1977a. 206p.

CANGUILHEM, G. Le cerveau et la pensée [1980]. In: COLLÈGE INTERNATIONAL DE PHILOSOPHIE (Org.). *Georges Canguilhem, philosophe, historien des sciences*: actes du colloque, 6-7-8 décembre 1990. Paris: A. Michel, 1993, p.11-33. (Biblioteque du collège internationale de philosophie). [Ed. bras.: O cérebro e o pensamento. *Natureza Humana*, São Paulo, v.8, n.1, p.183-210, jan./jun. 2006.]

_____. O problema da normalidade na história do pensamento biológico. In: _____. *Ideologia e racionalidade nas ciências da vida*. Lisboa: Edições 70, 1977b. p.107-122.

_____. *O normal e o patológico*. Rio de Janeiro: Forense-Universitária, 1995. 307p.

CAPONI, S. A saúde como abertura ao risco. In: CZERESNIA, D.; FREITAS, C. M. (Org.). *Promoção da saúde*: conceitos, reflexões, tendências. Rio de Janeiro: Fiocruz, 2003. p.55-77.

CASTEL, R. From dangerousness to risk. In: BURCHELL, G.; GORDON, C.; MILLER, P. (Ed.). *The Foucault Effect*: studies in governamentality. Chicago: University of Chicago Press, 1991. p.281-298.

CROOKSHANK, F. G. First Principles and Epidemiology. *Proceedings of the Royal Society of Medicine (Epidemiology and State Medicine.)*, London, v.13, p.159-184, 1920.

CZERESNIA, D. *Do contágio à transmissão*: ciência e cultura na gênese do conhecimento epidemiológico. Rio de Janeiro: Fiocruz, 1997. 120p.

_____. O conceito de saúde e a diferença entre prevenção e promoção. In: CZERESNIA, D.; FREITAS, C. M. (Org.). *Promoção da saúde*: conceitos, reflexões, tendências. Rio de Janeiro: Fiocruz, 2003. p.39-53.

_____. The Hygienic Hypothesis and Transformations in Etiological Knowledge: from causal ontology to ontogenesis of the body. *Cadernos de Saúde Pública*, Rio de Janeiro, v.21, n.4, p.1168-1176, 2005.

CZERESNIA, D.; ALBUQUERQUE, M. F. M. Modelos de inferência causal: análise crítica da utilização da estatística na epidemiologia. *Revista de Saúde Pública*, São Paulo, v.29, n.5, p.415-423, out. 1995.

CZERESNIA, D.; RIBEIRO, A. M. O conceito de espaço em epidemiologia: uma interpretação histórica e epistemológica. *Cadernos de Saúde Pública*, Rio de Janeiro, v.16, n.3, p.595-605, jul./set. 2000.

DAMÁSIO, A. *O mistério da consciência*: do corpo e das emoções ao conhecimento de si. São Paulo: Companhia das Letras, 2000. 474p.

DANIEL-RIBEIRO, C. T.; MARTINS, Y. C. Imagens internas e reconhecimento imune e neural de imagens externas: os caminhos e contextos das redes biológicas de cognição para a definição da identidade do indivíduo. *Neurociências*, São Paulo, v.4, n.3, p.113-148, 2008.

DEJOURS, C. Biologia, psicanálise e somatização. In: VOLICH, R. M.; FERRAZ, F. C.; ARANTES, M. A. (Org.). *Psicossoma II*: psicossomática psicanalítica. São Paulo: Casa do Psicólogo, 1998. p.39-49.

DOUGLAS, M. *Risk and blame*: essays in cultural theory. London: Routledge, 1992. v.12 (336p.).

DROSTE, J. H. et alli. Does the Use of Antibiotics in Early Childhood Increase the Risk of Asthma and Allergic Disease? *Clinical & Experimental Allergy*, Oxford, v.30, n.11, p.1547-1553, 2000.

ELIAS, N. *A solidão dos moribundos*: seguido de envelhecer e morrer. Rio de Janeiro: Jorge Zahar, 2001. 107p.

_____. *O processo civilizador*: uma história dos costumes. Rio de Janeiro: Jorge Zahar, 1994. v.1.

EPSTEIN, S. E. The Multiple Mechanisms by which Infection May Contribute to Atherosclerosis Development and Course. *Circulation Research*, New York, v.90, n.1, p.2-4, 2002.

EWALD, P. W. *Evolution of Infectious Disease*. Oxford: Oxford University Press, 1994. 320p.

FOUCAULT, M. *A arqueologia do saber*. Rio de Janeiro: Forense-Universitária, 1987a. 239p.

_____. *As palavras e as coisas*: uma arqueologia das ciências humanas. São Paulo: Martins Fontes, 1995. 541p.

_____. *O nascimento da clínica*. Rio de Janeiro: Forense Universitária, 1987b. 241p.

FRANK, S. A. *Immunology and Evolution of Infectious Diseases*. Princeton: Princeton University Press, 2002. 352p.

FREUD, S. *O mal-estar na civilização*. Rio de Janeiro: Imago, 1990. v.21.

GIDDENS, A. A vida em uma sociedade pós-tradicional. In: GIDDENS, A.; BECK, U.; LASH, S. (Org.). *Modernização reflexiva*. São Paulo: Editora Unesp, 1997. p.73-133.

_____. *Modernidade e identidade*. Rio de Janeiro: Jorge Zahar, 2002. 233p.

GRMEK, M. D. Déclin et émergence des maladies. *História, Ciências, Saúde - Manguinhos*, Rio de Janeiro, v.2, n.2, p.9-32, out. 1995.

HAMER, W. *Epidemiology Old and New*. Londres: Kegan Paul: Trench, Trubner & Co., 1928. 180p.

HIPÓCRATES. Des airs, des eaux et des lieux. In: _____. *Oeuvres complètes*. Paris: Littré, 1840.

JACOB, F. *A lógica da vida*: uma história da hereditariedade. Rio de Janeiro: Graal, 1983. 328p. (Biblioteca de filosofia e história das ciências, 13).

JABLONKA, E; LAMB, M. J. *Evolução em quatro dimensões*: DNA, comportamento e a História da vida. São Paulo: Companhia das Letras, 2010.

JERISON, H. J. *Brain Size and the evolution of mind*. New York: American Museum of Natural History, 1991. 99p.

JONAS, H. *O princípio vida*: fundamentos para uma biologia filosófica. Petrópolis, RJ: Vozes, 2004. 278p.

KELLER, E. F. *O século do gene*. Belo Horizonte, MG: Crisálida, 2002. 206p.

KILLINGER, C. L. *La cultura de los olores*: una aproximación a la antropología de los sentidos. Quito: Ediciones Abya-Yala, 1997. 340p.

LALANDE, A. *Vocabulário técnico e crítico da filosofia*. São Paulo: Martins Fontes, 1993. 1336p.

LAÍN ENTRALGO, P. *La medicina hipocrática*. Madri: Alianza Universidad, 1982.

LÖWY, I. On guinea pigs, dogs and men: anaphylaxis and the study of biological individuality, 1902-1939. *Studies in History and Philosophy of Science Part C: Studies in History and Philosophy of Biological and Biomedical Sciences*, Oxford, v.34. n.3, p.399-423, 2003.

LUPTON, D. *Risk*: key ideas. London: Routledge, 1999. 184p.

LUZ, M. T. *Natural, racional, social*: razão médica e racionalidade científica moderna. Rio de Janeiro: Campus; 1988.

MACHADO, R. *Ciência e saber*: a trajetória da arqueologia de Foucault. Rio de Janeiro: Graal, 1982. 218p. (Biblioteca de filosofia e história das ciências, 11).

MARGULIS, L.; SAGAN, D. *O que é vida?* Rio de Janeiro, RJ: Jorge Zahar, 2002. 289p.

MATRICARDI, P. M. et alli. Exposure to Foodborne and Orofecal Microbes Versus Airborne Viruses in Relation to Atopy and Allergic Asthma: epidemiological study. *BMJ*, London, v.320, n.7232, p.412-417, fev. 2000.

MATURANA, H. R.; VARELA, F. G. *El árbol del conocimiento*: bases biológicas del entendimiento humano. Santiago de Chile: Editorial Universitaria, 1984.

MAYR, M. et alli. Endothelial Cytotocity Mediated by Serum Antibodies to Heat Shock Proteins of Escherichia Coli and Chlamydia Pneumoniae: immune reactions to heat shock proteins as a possible link between infection and atherosclerosis. *Circulation*, Dallas, v.99, n.12, p.1560-1566, 1999.

MAYR, E. *Biologia, ciência única*: reflexões sobre a autonomia de uma disciplina científica. São Paulo: Companhia das Letras, 2005. 266p.

MENDES GONÇALVES, R. B. Reflexão sobre a articulação entre a investigação epidemiológica e a prática médica a propósito das doenças crônicas degenerativas. In: COSTA, D. C. (Org.). *Epidemiologia*: teoria e objeto. São Paulo: Hucitec; Rio de Janeiro: ABRASCO, 1990. p.39-86.

MILLER, G. Airs, Waters and Places in History. *Journal of History of Medicine and Allied Sciences*, New Haven, v.17, n.1, p.129-140, 1962.

MORIN, E. *O método II*: a vida da vida. Porto Alegre: Sulina, 2002. 527p.

NIETZSCHE, F. *A filosofia na era trágica dos gregos*. São Paulo: Hedra, 2008a. 128p.

_____. *A origem da tragédia*. São Paulo: Moraes, [19--?]. 152p.

_____. *A vontade de poder*. Rio de Janeiro: Contraponto, 2008b. 513p.

ORGANIZAÇÃO MUNDIAL DA SAÚDE. Carta de Ottawa. In: FIOCRUZ. *Promoção da saúde*: cartas de Ottawa, Adelaide,

Sundsvall e Santa Fé de Bogotá. Brasília: Ministério da Saúde, 1986. p.11-18.

PARNES, O. "Trouble from Within": allergy, autoimmunity, and pathology in the first half of the twentieth century. *Studies in History and Philosophy of Science Part C: Studies in History and Philosophy of Biological and Biomedical Sciences*, Oxford, v.34, n.3, p.425-454, 2003.

PAVLOVSKY, E. N. *Natural nidality of transmissible diseases*. Moscou: Peace, [19--?].

PENROSE, R. *O grande, o pequeno e a mente humana*. São Paulo: Editora Unesp, 1998. 193p.

PESSOA, S. B. *Ensaios médico-sociais*. 2.ed. São Paulo: Cebes: Hucitec, 1978. 380p. (Coleção saúde em debate, 2).

PETERSEN, A. Risk, Governance and the New Public Health. In: PETERSEN, A.; BUNTON, R. (Ed.). *Foucault, Health and Medicine*. London: Routledge, 1996. p.189-206.

PRASAD, A. et alli. Predisposition to Atherosclerosis by Infections: role of endothelial dysfunction. *Circulation*, Dallas, v.106, n.2, p.184-190, 2002.

PUTTINI, R. F.; PEREIRA JÚNIOR, A. Além do mecanicismo e do vitalismo: a "normatividade da vida" em Georges Canguilhem. *Physis*, Rio de Janeiro, v.17, n.3, p.451-464, 2007.

RANCE, F. et alli. Prevention of Asthma and Allergic Diseases in Children. *Archive of Pediatrics*, v.10, n.3, p.232-237, 2003.

RODRIGUES, J. C. *O corpo na história*. Rio de Janeiro: Fiocruz, 1999. 197p.

ROSICKY, B. Natural Foci of Diseases. In: COCKBURN, T. A. (Org.). *Infectious Diseases*: their evolution and eradication. Springfield: Ch. C. Thomas, 1967. p.108-126.

SABROZA, P. C. et alli. Saúde, ambiente e desenvolvimento: alguns conceitos fundamentais. In: LEAL, M. C. et alli. (Org.). *Saúde, ambiente e desenvolvimento*. São Paulo: Hucitec; Rio de Janeiro: ABRASCO, 1992. v.1.

SANTOS, M. *Por uma outra globalização*: do pensamento único à consciência universal. Rio de Janeiro: Record, 2000. 174p.

SCHRÖDINGER, E. *O que é a vida?*: o aspecto físico da célula viva seguido de "Mente e matéria" e fragmentos autobiográficos. São Paulo: Editora Unesp, 1997. 196p.

SENNETT, R. *Carne e pedra*: o corpo e a cidade na civilização ocidental. Rio de Janeiro: Record, 1997. 362p.

SILVA, L. J. O conceito de espaço na epidemiologia das doenças infecciosas. *Cadernos de Saúde Pública*, Rio de Janeiro, v.13, n.4, p.585-593, out./dez. 1997.

SIMPSON, C. R. et alli. Coincidence of Immune-Mediated Diseases Driven by Th1 and Th2 Subsets Suggests a Common Aetiology: a population-based study using computerized general practice data. *Clinical & Experimental Allergy*, Oxford, v.32, n.1, p.37-42, 2002.

SINNECKER, H. *General epidemiology*. Londres: John Wiley & Sons, 1971. 228p.

SORRE, M. A noção de gênero de vida e sua evolução. In: MEGALE, J. F. (Org.). *Max Sorre*: geografia. Rio de Janeiro: Ática, 1984.

SPINK, M. J. P. Tópicos do discurso sobre risco: risco-aventura como metáfora na modernidade tardia. *Cadernos de Saúde Pública*, Rio de Janeiro, v.17, n.6, p.1277-1311, dez. 2001.

SPINOZA, B. de. *Ética demonstrada à maneira dos geômetras*. São Paulo, SP: Martin Claret, 2002.

STENGERS, I. *Quem tem medo da ciência?*: ciência e poderes. São Paulo: Siciliano, 1990. 175p.

STROBEL, S. Oral Tolerance, Systemic Immunoregulation, and Autoimmunity. *Annals New York Academy of Sciences*, New York, v.958, p.47-58, abr. 2002.

SUSSER, M. *Causal Thinking in the Health Sciences*. New York: Oxford University Press, 1973. 200p.

SUSSER, M.; SUSSER E. Choosing a Future for Epidemiology: II. from black box to chinese boxes and eco-epidemiology. *American Journal of Public Health*, Washington, v.86, n.5, p.674-677, 1996.

SZAMOSI, G. *Tempo & espaço*: as dimensões gêmeas. Rio de Janeiro. Jorge Zahar, 1994. 277p.

TELLES, F. S. P. Do belo e do sublime à objetividade da razão. *Neurociências*, São Paulo, v.4, n.3, p.173-177, 2008.

TOSTA, C. E. Coevolutionary Networks: a novel approach to understanding the relationships of humans with the infectious agents. *Memórias do Instituto Oswaldo Cruz*, Rio de Janeiro, v.96, n.3, p.415-425, 2001.

TSOKOLOV, S. A. Why is the Definition of Life so Elusive?: epistemological considerations. *Astrobiology*, Larchmont, v.9, n.4, p.401-412, 2009.

URTEAGA, L. Miseria, Miasmas y Microbios: las topografias medicas y el estudio del medio ambiente en el siglo XIX. *Cuadernos Críticos de Geografia Humana*, Barcelona, n.29, p.5-52, nov. 1980.

VAITSMAN, J. Subjetividade e paradigma de conhecimento. *Boletim Técnico do SENAC*, Rio de Janeiro, v.21, n.2, p.3-9, maio./ago. 1995.

VARELA, F. J. Intimate Distances: fragments for a phenomenology of organ transplantation. *Journal of Consciousness Studies*, v.8, n.5-7, p.259-271, 2001.

_____. Le cerveau et la pensée. In: COLLÈGE INTERNATIONAL DE PHILOSOPHIE (Org.). *Georges Canguilhem, philosophe, historien des sciences*: actes du colloque, 6-7-8 décembre 1990. Paris: A. Michel, 1993, p.279-285. (Biblioteque du collège internationale de philosophie).

VIRCHOW, R. *Collected Essays on Public Health and Epidemiolgy*. Sagamore Beach, MA: Science History Publications, 1985. v.1.

WEISS, S. T. Eat Dirt: the hygiene hypothesis and allergic diseases. *The New England Journal of Medicine*, Boston, v.347, n.12, p.930-931, 2002.

WINNICOTT, D. W. *Natureza humana*. Rio de Janeiro: Imago, 1990. 222p.

_____. *O ambiente e os processos de maturação*. Porto Alegre: Artes Médicas, 1983.

_____. *O brincar e a realidade*. Rio de Janeiro: Imago, 1975. 205p.

WINSLOW, C. E. A. *The Conquest of Epidemic Disease*: a chapter in the history of ideas. Nova York: Hafner Publishing Company, 1967. 411p.

XIAO, B. G.; LINK, H. Mucosal Tolerance: a two-edged sword to prevent and treat autoimmune diseases. *Clinical Immunology and Immunopathology*, New York, v.85, n.2, p.119-128, 1997.

ZHU, J. et alli. Antibodies to Human Heat-Shock Protein 60 Are Associated with the Presence and Severity of Coronary Artery Disease: evidence for an autoimmune component of atherogenesis. *Circulation*, Dallas, v.103, n.8, p.1071-1075, fev. 2001.

SOBRE O LIVRO

Formato: 14 x 21 cm
Mancha: 22,7 x 40 paicas
Tipologia: Iowan Old Style 10/14
Papel: Off-white 80 g/m^2 (miolo)
Cartão Supremo 250 g/m^2 (capa)

EQUIPE DE REALIZAÇÃO

Assistência editorial
Alberto Bononi

Edição de Texto
Silvio Nardo (Preparação de original)
Henrique Zanardi (Revisão)

Capa
Estúdio Bogari

Imagem de capa
"Floresta" de Sandra Felzen

Editoração eletrônica
Sergio Gzeschnik